工程建设安全技术与管理丛书

 # 节能型建筑幕墙设计、施工与安全管理

丛书主编　徐一骐

本书主编　梁方岭

中国建筑工业出版社

图书在版编目（CIP）数据

节能型建筑幕墙设计、施工与安全管理/梁方岭主编.—北京：中国建筑工业出版社，2019.5
（工程建设安全技术与管理丛书/徐一骐丛书主编）
ISBN 978-7-112-23573-5

Ⅰ.①节…　Ⅱ.①梁…　Ⅲ.①幕墙—建筑设计②幕墙—工程施工—安全管理　Ⅳ.①TU227

中国版本图书馆CIP数据核字（2019）第064135号

幕墙是建筑的重要组成部分，是实现建筑功能的重要部件。我们必须深刻地认识到幕墙对建筑节能的重要性。作为外围护结构，它的热工性能最为薄弱，是建筑节能的关键环节。节能幕墙设计对促进建筑节能发展具有极其重要的意义。

本书从幕墙设计与施工的角度，详细说明了现有技术条件下节能幕墙的发展思路。首先是应用新型的面板材料，利用面板对热量的阻隔而达到节能的作用；其次是对幕墙节点进行节能设计，在满足安全使用的前提下，有效降低建筑能耗。幕墙的安装与施工，是十分重要的环节，决定了建筑能否达到设计要求的节能效果；建筑使用过程中对幕墙的维护与安全检查，可以延长幕墙的使用寿命，能更加长久地为节能减排作出贡献。

责任编辑：赵晓菲　朱晓瑜
责任校对：党　蕾

工程建设安全技术与管理丛书
节能型建筑幕墙设计、施工与安全管理
丛书主编　徐一骐
本书主编　梁方岭
*
中国建筑工业出版社出版、发行（北京海淀三里河路9号）
各地新华书店、建筑书店经销
北京京点图文设计有限公司制版
北京京华铭诚工贸有限公司印刷
*
开本：787×1092毫米　1/16　印张：19¼　字数：351千字
2019年7月第一版　2019年7月第一次印刷
定价：60.00元
ISBN 978-7-112-23573-5
　　（33854）

丛书编委会 ————————————————————

丛书主编：徐一骐

副 主 编：吴恩宁　吴　飞　邓铭庭　梁方岭　王建民

　　　　　王立峰　牛志荣　杨燕萍

编　　委：徐一骐　吴　飞　吴恩宁　邓铭庭　牛志荣

　　　　　王建民　黄思祖　王立峰　周松国　罗义英

　　　　　李美霜　朱瑶宏　黄先锋　姜天鹤　梁方岭

　　　　　俞勤学　金　睿　沈林冲　黄　亚　张金荣

　　　　　杜运国　林　平　袁　翔　庄国强　杨燕萍

　　　　　王德仁　裘志坚　史文杰　徐继承　于航波

本书编委会 ————————————————————

主　　审：徐一骐

主　　编：梁方岭

副 主 编：杨燕萍

编　　委：徐一骐　梁方岭　林　娜　朱志雄　杨燕萍

　　　　　齐　明　姚华明　黄　刚　樊　威　董俊德

丛书序一

建筑业是我国国民经济的重要支柱产业之一，在推动国民经济和社会全面发展方面发挥了重要作用。近年来，建筑业产业规模快速增长，建筑业科技进步和建造能力显著提升，建筑企业的竞争力不断增强，产业队伍不断发展壮大。由于建筑生产的特殊性等原因，建筑业一直是生产安全事故多发的行业之一。当前，随着法律法规制度体系的不断完善、各级政府监管力度的不断加强，建筑安全生产水平在提升，生产安全事故持续下降，但工程质量安全形势依然很严峻，建筑生产安全事故还时有发生。

质量是工程的根本，安全生产关系到人民生命财产安全，优良的工程质量、积极有效的安全生产，既可以促进建筑企业乃至整个建筑业的健康发展，也为整个经济社会的健康发展作出贡献。做好建筑工程质量安全工作，最核心的要素是人。加强建筑安全生产的宣传和培训教育，不断提高建筑企业从业人员工程质量和安全生产的基本素质与基本技能，不断提高各级建筑安全监管人员监管能力水平，是做好工程质量安全工作的基础。

《工程建设安全技术与管理丛书》是浙江省工程建设领域一线工作的同志们多年来安全技术与管理经验的总结和提炼。该套丛书选择了市政工程、安装工程、城市轨道交通工程等在安全管理中备受关注的重点问题进行研究与探讨，同时又将幕墙、外墙保温等热点融入其中。丛书秉着务实的风格，立足于工程建设过程安全技术及管理人员实际工作需求，从设计、施工技术方案的制定、工程的过程预控、检测等源头抓起，将各环节的安全技术与管理相融合，理论与实践相结合，规范要求与工程实际操作相结合，为工程技术人员提供了可操作性的参考。

编者用了五年的时间完成了这套丛书的编写，下了力气，花了心血。尤为令人感动的是，丛书编委会积极投身于公益事业，将本套丛书的稿酬全部捐出，并为青川灾区未成年人精神家园的恢复重建筹资，筹集资金逾千万元，表达了一个知识群体的爱心和塑造价值的真诚。浙江省是建筑大省和文化大省，也是建筑专业用书的大省，本套丛书的出版无疑是对浙江省建筑产业健康发展的支持和推动，也将对整个建筑业的质量安全水平的提高起到促进作用。

郭元冲

2015 年 5 月 6 日

丛书序二

    《工程建设安全技术与管理丛书》就要出版了。编者邀我作序,我欣然接受,因为我和作者们一样都关心这个领域。这套丛书对于每一位作者来说,是他们对长期以来工作实践积累进行总结的最大收获。对于他们所从事的有意义的活动来说,是一项适逢其时的重要研究成果,是数年来建设领域少数涉及公共安全技术与管理系列著述的力作之一。

    当今,我国正在进行历史上规模最大的基本建设。由于工程建设活动中的投资额大、从业人员多、建设规模巨大,设计和建造对象的单件性、施工现场作业的离散性和工人的流动性,以及易受环境影响等特点,使其安全生产具有与其他行业迥然不同的特点。在当下,我国经济社会发展已进入新型城镇化和社会主义新农村建设双轮驱动的新阶段,这使得安全生产工作显得尤为紧迫和重要。

    工程建设安全生产作为保护和发展社会生产力、促进社会和经济持续健康发展的一个必不可少的基本条件,是社会文明与进步的重要标志。世界上很多国家的政府、研究机构、科研团队和企业界,都在努力将安全科学与建筑业的许多特点相结合,应用安全科学的原理和方法,改进和指导工程建设过程中的安全技术和安全管理,以期达到减少人员伤亡和避免经济损失的目的。

    我们在安全问题上面临的矛盾是:一方面,工程建设活动在创造物质财富的同时也带来大量不安全的危险因素,并使其向深度和广度不断延伸拓展。技术进步过程中遇到的工程条件的复杂性,带来了工程安全风险、安全事故可能性和严重度的增加;另一方面,人们在满足基本生活需求之后,不断追求更安全、更健康、更舒适的生存空间和生产环境。

    未知的危险因素的绝对增长和人们对各类灾害在心理、身体上承受能力相对降低的矛盾,是人类进步过程中的基本特征和必然趋势,这使人们诉诸于安全目标的向往和努力更加迫切。在这对矛盾中,各类危险源的认知和防控是安全工作者要认真研究的主要矛盾。建设领域安全工作的艰巨性在于既要不断深入地控制已有的危险因素,又要预见并防控可能出现的各种新的危险因素,以满足人们日益增长的安全需求。工程建设质量安全工作者必须勇敢地承担起这个艰巨且义不容辞的社会责任。

    本丛书的作者们都是长期活跃在浙江省工程建设一线的专业技术人员、管理人员、科研工作者和院校老师，他们有能力，责任心强，敢担当，有长期的社会实践经验和开拓创新精神。

5年多来，丛书编委会专注于做两件事：一是沉下来，求真务实，在积累中研究和探索，花费大量时间精力撰写、讨论和修改每一本书稿，使实践理性的火花迸发，给知识的归纳带来了富有生命力的结晶；二是自发开展丛书援建灾区活动，知道这件事情必须去做，知道做的意义，而且在投入过程中掌握做事的方法，知难而上，建设性地发挥独立思考精神。正是在这一点上，本丛书的组织编写和丛书援建灾区系列活动，把用脑、用心、用力、用勤和高度的社会责任感结合在一起，化作一种自觉的社会实践行动。

本着将工程建设安全工作做得更深入、细致和扎实，本着让从事建设的人们都养成安全习惯的想法，作者们从解决工程一线工作人员最迫切、最直接、最关心的实际问题入手，目的是为广大基层工作者提供一套全面、可用的建设安全技术与管理方法，推广工程建设安全标准规范的社会实践经验，推行知行合一的安全文化理念。我认为这是一项非常及时和有意义的事情。

再就是，5年多前，正值汶川特大地震发生后不久灾后重建的岁月。地震所造成的刻骨铭心的伤痛总是回响在人们耳畔，惨烈的哭泣、哀痛的眼神总是那么让人动容。丛书编委会不仅主动与出版社签约，将所有版权的收入捐给灾区建设，更克服了重重困难，历经5年多的不懈努力，成功推动了极重灾区四川省青川县未成年人校外活动中心的建设。真情所至，金石为开。用行动展示了建设工作者的精神风貌。

浙江省是建筑业大省，文化大省，我们要铆足一股劲，为进一步做好安全技术、管理和安全文化建设工作而努力。时代要求我们在继续推进建设领域的安全执法、安全工程的标准化、安全文化和教育工作过程中，要有高度的责任感和信心，从不同的视野、不同的起点，向前迈进。预祝本套丛书的出版将推进工程建设安全事业的发展。预祝本套丛书出版成功。

2015 年 1 月

丛书序三

　　安全是人类生存与发展活动中永恒的前提，也是当今乃至未来人类社会重点关注的重要议题之一。作为一名建筑师，我看重它与工程和建筑的关系，就如同看重探索神圣智慧和在其建筑法则规律中如何获取经验。工程建设的发展史在某种意义上说是解决建设领域安全问题的奋斗史。所以在本套丛书行将问世之际，我很高兴为之作序。

　　在世界建筑史上，维特鲁威最早提出建筑的三要素"实（适）用、坚固、美观"。"实用"还是"适用"，翻译不同，中文意思略有差别；而"坚固"，自有其安全的内涵在。20世纪50年代以来，不同的历史时期，我国的建筑方针曾有过调整。但从实践的角度加以认识，"安全、适用、经济、美观"应该是现阶段建筑设计的普遍原则。

　　建筑业是我国国民经济的重要支柱产业之一，也是我国最具活力和规模的基础产业，其关联产业众多，基本建设投资巨大，社会影响较大。但建筑业又是职业活动中伤亡事故多发的行业之一。

　　在建筑物和构筑物施工过程中，不可避免地存在势能、机械能、电能、热能、化学能等形式的能量，这些能量如果由于某种原因失去了控制，超越了人们设置的约束限制而意外地逸出或释放，则会引发事故，可能导致人员的伤害和财物的损失。

　　建筑工程的安全保障，需要有设计人员严谨的工作责任心来作支撑。在1987年的《民用建筑设计通则》JGJ 37—1987中，对建筑物的耐久年限、耐火等级就作了明确规定。要求必需有利于结构安全，它是建筑构成设计最基本的原则之一。根据荷载大小、结构要求确定构件的必须尺寸外，对零部件设计和加固必须在构造上采取必要措施。

　　我们关心建筑安全问题，包括建筑施工过程中的安全问题以及建筑本体服务期内的安全问题。设计人员需要格外看重这两方面，从图纸设计基本功做起，并遵循标准规范，预防因势能超越了人们设置的约束限制而引起的建筑物倒塌事故。

　　建筑造型再生动、耐看，都离不开结构安全本身。建筑是有生命的。美的建筑，当我们看到它时，立刻会产生一种或庄严肃穆或活跃充盈的印象。但切不可忘记，对空间尺度坚固平衡的适度把握和对安全的恰当评估。

如果说建筑艺术的特质是把一般与个别相联结、把一滴水所映照的生动造型与某个 idea 水珠莹莹的闪光相联结，那么，建筑本体的耐久性设计则使这一世界得以安全保存变得更为切实。

安全的实践知识是工程的一部分，它为工程师们提供了判别结构行为的方法。在一个成功的工程设计中，除了科学，工程师们还需要更多不同领域的知识和技能，如经济学、美学、管理学等。所以书一旦写出来，又要回到实践中去。进行交流很有必要，因为实践知识、标准给予了我们可靠的、可重复的、可公开检验的接触之门。

2008 年 5 月 12 日我国四川汶川地区发生里氏 8 级特大地震后，常存于我们记忆中的经验教训，便是一个突出例证。强烈地震发生的时间、地点和强度迄今仍带有很大的不确定性，这是众所周知的；而地震一旦发生，不设防的后果又极其严重。按照《抗震减灾法》对地震灾害预防和震后重建的要求，需要通过标准提供相应的技术规定。

随着我国城市轨道交通和地下工程建设规模的加大，不同城市的地层与环境条件及其相互作用更加复杂，这对城市地下工程的安全性提出了更高要求。艰苦的攀登和严格的求索，需要经历许多阶段。为了能坚持不懈地走在这一旅程中，我们需要一个巨大的公共主体，来加入并忠诚于事关安全核心准则的构建。在历史的旅程中，我们常常提醒自己，要学习，要实践，要记住开创公共安全旅程的事件以及由求是和尊重科学带来的希望。

考虑到目前我国隧道及地下工程建设规模非常之大、条件各异，且该类工程具有典型的技术与管理相结合的特点，在缺乏有效的理论作指导的情况下作业，是多起相似类型安全事故发生的重要原因。因此，在系统研究和实践的基础上，尽快制定相应的技术标准和技术指南就显得尤为紧迫。

科学技术的不断进步，使建筑形态突破固有模式而不断产生新的形态特征，这已被中外建筑史所一再证明。但不可忘记，随着建设工程中高层、超高层和地下建设工程的涌现，工程结构、施工工艺的复杂化，新技术、新材料、新设备等的广泛应用，不仅给城市、建筑物提出了更高的安全要求，也给建设工程施工安全技术与管理带来了新的挑战。

一个真正的建筑师，一个出色的建筑艺人，必定也是一个懂得如何在建筑的复杂性和矛盾性中，选择各种材料安全性能并为其创作构思服务的行家。这样的气质共同构成了自我国古代匠师之后，历史课程教给我们最清楚最重要的经验传统之一。

建筑安全与否唯一的根本之道，是人们在其对人文关怀和价值理想的反思中，如何彰显出一套更加严格的科学方法，负责任地对现实、对历史做出回答。

两年多前，同事徐一骐先生向我谈及数年前筹划编写《为了生命和家园》系列丛书的设想和努力，以及这几年丛书援建极灾区青川县未成年人校外活动中心的经历和苦乐。寻路问学，掩不住矻矻求真的一瓣心香。它们深藏于时代，酝酿已久。人的自我融入世界事件之流，它与其他事物产生共振，并对一切事物充满热情和爱之关切。

这引起我的思索。在漫长的历史进程中，知识分子如何以独立的立场面对这种情况？他们不是随声附和的群体。而是以自己的独立精神勤于探索，敢于企求，以自己的方式和行动坚持正义，尊重科学，服务社会。奔走于祖国广袤的大地和人民之间，更耐人寻味和更引人注目，但也无法避免劳心劳力的生活。

书的写作是件艰苦之事，它要有积累，要有研究和探索；而丛书援建灾区活动，先后邀请到如此多朋友和数十家企业单位相助，要有忧思和热诚，要有恒心和担当。既要有对现实的探索和实践的总结，又要有人文精神的终极关怀和对价值的真诚奉献。

邀请援建的这一项目，是一个根据抗震设计标准规范、质量安全要求和灾区未成年人健康成长需求而设计、建设起来的民生工程。浙江大学建筑设计研究院提供的这一设计作品，构思巧妙，造型优美，既体现了建筑师的想象力和智慧，又是结构工程师和各专业背景设计人员劳动和汗水的结晶。

汶川大地震过后，人们总结经验教训，在灾区重新规划时避开地震断裂带，同时严格按照标准来进行灾区重建，以便建设一个美好家园。

岁月匆匆而过，但朋友们的努力没有白费。回到自己土地上耕耘的地方，不断地重新开始工作，耐心地等待平和曙光的到来。他们的努力留住了一个群体的爱心和特有的吃苦耐劳精神，把这份厚礼献给自己的祖国。现在，两者都将渐趋完成，我想借此表达一名建筑师由衷的祝贺！

胡理琛

2015 年 1 月

　　实践思维、理论探索和体制建设，给当代工程建设安全研究带来了巨大的推进，主要体现在对知识的归纳总结、开拓的研究领域、新的看待事物的态度以及厘清规律的方法。本着寻求此一领域的共同性依据和工程经验的系统结合，本套丛书从数年前着手筹划，作为《为了生命和家园》书系之一，其中选择具有应用价值的书目，按分册撰写出版。这套丛书宗旨是"实践文本，知行阅读"，首批10种即出。现将它奉献给建设界以及广大职业工作者，希望能对于促进公共领域建设安全的事业和交流有所裨益。

　　改革开放40年来，国家的开放政策，经济上的快速发展，社会进步的诉求和人们观念的转变，大大改变了安全工作的地位并强调了其在经济社会发展中的重要性。特别是《建筑法》和《安全生产法》的颁布实施，使此一事业的发展不仅具有了法律地位，而且大大要求其体系建设从内涵上及其自身方面提高到一个新的高度。质言之，我们需要有安全和工程建设安全科学理论与实践对接点的系统研究，我们需要有优秀的富有实践经验的安全技术和管理人才。我们何不把为人、为社会服务的人本思想融入书本的实践主张中去呢？

　　这套书的丛书名表明了一个广泛的课题：建设领域公共安全的各类活动。这是人们一直在不倦地探索的一个领域。在整个世界范围内，建筑业都是属于最危险的行业之一，因此建筑安全也是安全科学最重要的分支之一。而从广义的工程建设来讲，安全技术与管理所涉及的范畴要更广，因此每册书的选题都需要我们认真对待。

　　当前，我国经济社会发展已进入新型城镇化和社会主义新农村建设双轮驱动的新阶段，安全工作站在这样一个新的起点上，这正是需要我们研究和开拓的。

　　进入21世纪以来，我国逐渐迈入地下空间大发展的历史时期。由于特殊的地理位置，城市地下工程通常是在软弱地层中施工，且周围环境极其复杂，这使得城市地下工程建设期间蕴含着不可忽视的安全风险。在工程科学研究中，需要我们注重实践经验的升华，注重科学原理与工程经验的结合，这样才能满足研究成果的普遍性和适用性。

　　关于新农村规划建设安全的研究，主要来自于这样一个事实：我国村庄抗灾防灾能力普遍薄弱，而广大农村和乡镇地区往往又是我国自然灾害的主要受害地区。火灾、洪灾、震灾、风灾、滑坡、泥石流、雷击、雪灾和冻融等多种自然灾害发生频繁。这要求我们站在相对的时空关系中，分层次地认识问题。作为规划、勘察、设计、施工、验收和制度建设等，更需要可操作性，并将其贯穿到科学的规划和建设中去。

我们常说研究安全技术与管理是一门综合性的大课题。近年来安全工程学、管理学、经济学，甚至心理学等学科中的许多研究都涉及这个领域，这说明学科交叉的必然性和重要性，另一方面也加深了我们对安全，特别是具有中国特色的工程建设安全的认识。

在这样的历史进程中，历史赋予我们的重任就是要学习，就是要实践，这不仅要从书本中学习，同时也要从总结既往实践经验中再学习，这是人类积累知识不可缺少的环节。

除了坚持"学习"的主观能动性外，我们坚决否认人能以旁观者的身份来认识和获得经验，那种传统经验主义所谓的"旁观者认知模式"，在我们的社会实践中行不通。我们是建设者，不是旁观者。知行合一，抱着躬自执劳的责任感去从事安全工作，就必然会引出这个问题：我们需要什么理念、什么方法和什么运作来训练我们自己成为习惯性的建设者？在生产作业现场，偶然作用——如能量意外释放、人类行为等造成局部风险难以避免。事故发生与否却划定了生死界线！许多工程案例所起到的"教鞭"作用，都告诫人们必须百倍重视已发生的事故，识别出各种体系和环节的缺陷，探索和总结事故规律，从中汲取经验教训。

为有效防范安全风险和安全事故的发生，我们希望通过努力对安全标准化活动作出必要的归纳总结。因为标准总是将相应的责任与预期的成果联系起来。而哪里需要实践规则，哪里就有人来发展其标准规范。

英语单词"standard"，它既可以解释为一面旗帜，也可以解释为一个准则、一个标准。另外，它还有一个暗含的意义，就是"现实主义的"。因为旗帜是一个外在于我们的客体，我们转而向它并且必须对它保持忠诚。安全标准化的凝聚力来自真知，来自对规律性的研究。但我们在认识这一点时，曾经历了多大的艰难啊！

人们通过标准来具体参与构建一个安全、可靠的现实世界。我国抗震防灾的经验已向我们反复表明了：凡是通过标准提供相应的技术规定进行设计、施工、验收的房屋基本"大震不倒"。因为工程建设抗震防灾技术标准编制的主要依据就是地震震害经验。1981 年道孚地震、1988 年澜沧耿马地震、1996 年丽江地震，特别是 2008 年汶川地震中，严格按规范设计、施工的房屋建筑在无法预期的罕遇地震中没有倒塌，减少了人员的伤亡。

对工程安全日常管理的标准化转向可以看成工程实践和改革的一个长期结果。21世纪初，《工程建设标准强制性条文》的编制和颁布，正式开启了我国工程建设标准体制的改革。《强制性条文》颁布后，国家要求严格遵照执行。任何与之相违的行为，无论是否造成安全事故或经济损失，都要受到严厉处罚。

当然，须要说明的是，"强条"是国家对于涉及工程安全、环境、社会公众利益等方面最基本、最重要的要求，是每个人都必须遵守的最低要求，而不是安全生产的全部要求。我们还希望被写成书的经验解释，能在服务安全生产的过程中清晰地凸显出来，希望有效防控安全事故的措施，通过对事故及灾变发生机理以及演化、孕育过程的深入认识而凸显出来。为此，我们能做到的最好展示，便是竭尽全力，去共同构建科学的管理运作体系，推广有效的管理方法和经验，不断地总结工程安全管理的系统知识。

本套书强调对安全确定性的寻求，强调科学的系统管理，这是因为在复杂多变的工程现场，那迎面而来的作业环境，安全存在是不确定的。在建设活动中，事关安全生产的任何努力，无论是危险源的辨识和防控、安全技术措施和管理，还是安全生产保证体系和计划、安全检查和安全评价，抑或是对事故的分析和处理，都是对这一非确定性的应答。

它是一种文化构建，一种言行方式。而在我们对安全确定性的寻求过程中，所有安全警惕、团队工作、尊严和承诺、优秀、忠诚、沟通、领导和管理、创新以及培训等，都是十分必要的。在安全文化建设中，实践性知识是不会遭遗忘的。事关安全的实践性不同于随意行动，不可遗忘，因为实践性知识意识到，行动是不可避免的。

为了公众教育，需要得出一个结论。作者们通过专业性描述，使得安全技术和管理知识直接对接于实践，也使工程实践活动非常切合于企业的系统管理。一种更合社会之意的安全文化总在帮助我们照管和维护文明作业和职业健康，并警觉因主体异化带来的安全隐患和风险，避免价值关怀黯然不彰。

我坚持，公共空间、公共利益、公共服务、公益、公平等，是人文性的。它诉诸于城乡规划和建设的价值之维，并使我们的工作职责上升为一种公共生活方式。这种生活本身就应该是竭尽全力的。你所专注的不在你的背后，而是在前面。只有一个世界，我们的知识和行为给予我们所服务的世界，它将我们带进教室、临时工棚、施工现场、危险品仓库和一切可供交流沟通的地方。你的心灵是你的视域，是你关于世界以及你在公共生活中必须扮演的那个角色。

对这条漫漫长路的求索汇成了这样一套书。这条路穿越并串联起这片大地的景色。这条路是梦想之路，更是实践人生之路。有作者们的，有朋友们的，甚至有最深沉的印记——力求分担建设者的天职——忧思。

无法忘怀，在本套丛书申报选题的立项前期，正值汶川大地震发生后不久，我们奔赴现场，关注到极重灾区四川省青川县，还需要建设一座有利于 5 万名未成年人长期健康成长的精神家园。在该县财政极度困难的情况下，丛书编委会主动承担起了帮助青川县未成年人校外活动中心筹集建设资金和推动援建的责任。

积数年之功，青川这一民生工程即将交付使用，而丛书的 10 册书稿也将陆续完成，付梓出版。5 年多的心血、5 年多的坚守，皆因由筑而梦，皆希望有一天，凭着一份知识的良心，铺就一条用书铺成的路。假如历史终究在于破坏和培养这两种力量之间展开惊人的、不间断的、无止境的抗衡，那么这套丛书行将加入后者的奋争。

为此，热切地期待本丛书的出版能分担建设者天职的这份忧思，能对广大的基层工作者建设平安社会和美好的家园有所助益。同时，谨向青川县灾区的孩子们致以最美好的祝愿！

2014 年 12 月于杭州

本书前言

　　能源是一个国家经济进步和技术发展的基础条件，随着城市化进程的加快，我国建筑能耗已经超越工业用能，成为用能的第一大领域。为降低建筑能耗，出现了很多各种类型的节能方式。绿色建筑技术，注重低耗、高效、经济、环保、集成与优化，最大限度节能、节地、节水、节材和减少对环境的污染；被动房，在建造房屋之后不再主动向外界要求能源，实现能源自给自足。

　　幕墙是建筑的重要组成部分，是实现建筑功能的重要部件。我们必须深刻地认识到幕墙对建筑节能的重要性。作为外围护结构，它的热工性能最为薄弱，是建筑节能的关键环节。节能幕墙设计对促进建筑节能发展具有极其重要的意义。

　　本书从幕墙设计与施工的角度，详细说明了现有技术条件下节能幕墙的发展思路。首先是应用新型的面板材料，利用面板对热量的阻隔而达到节能的作用；其次是对幕墙节点进行节能设计，在满足安全使用的前提下，有效降低建筑能耗。幕墙的安装与施工，是十分重要的环节，决定了建筑能否达到设计要求的节能效果；建筑使用过程中对幕墙的维护与安全检查，可以延长幕墙的使用寿命，能更加长久地为节能减排作出贡献。

　　随着建筑科技水平的提高，玻璃幕墙由于具有现代美观、外观简洁及采光通透等一系列优点，几乎已经成为城市建筑立面的主流形式。由于玻璃幕墙的气密性以及保温隔热性能相比传统墙体较差，玻璃幕墙的平均能耗远高于一般建筑，因此，为了有效推广玻璃幕墙应用，行业一直在积极地研究新型节能幕墙，如双层幕墙、利用新型密封材料提高幕墙气密性、采用具有智能技术的幕墙系统等。

　　幕墙的设计者必须将保护环境以及节约能源融入设计理念中，从各个方面综合考虑，提高建筑幕墙的节能性，进而推动建筑幕墙的发展，使得我们的城市建设更加多样化、现代化。

目 录 CONTENTS

第一章 节能型幕墙概述 / 1

第一节 概述 / 2

第二节 幕墙的分类 / 3

第三节 幕墙节能要求 / 5

第四节 与幕墙相关的标准、规范、国家及行业标准 / 9

第二章 新型建筑幕墙材料 / 27

第一节 面板材料 / 28

第二节 支撑材料 / 39

第三节 密封材料 / 42

第三章 节点构造设计 / 47

第一节 设计原则 / 48

第二节 节点构造设计 / 49

第四章 幕墙节能性能与计算 / 93

第一节 幕墙的性能 / 94

第二节 玻璃幕墙光学及热工参数计算 / 98

第三节 玻璃幕墙隔声性能计算 / 114

第四节 玻璃幕墙结露性能评价 / 123

第五章幕墙通风与热环境 / 127

第一节 双层幕墙构造与节能性能 / 128

第二节　双层幕墙自然通风简化计算 / 141

第三节　双层幕墙自然通风计算机模拟计算介绍 / 144

第六章　幕墙的加工制作 / 149

第一节　概述 / 150

第二节　玻璃 / 150

第三节　石材 / 153

第四节　金属板 / 155

第五节　人造板 / 156

第六节　铝合金型材加工 / 161

第七节　钢构件加工 / 164

第八节　点支承玻璃幕墙拉杆拉索的加工 / 167

第九节　构件组装加工 / 168

第十节　幕墙构件检验 / 172

第十一节　幕墙产品保护 / 172

第七章　幕墙的安装施工 / 173

第一节　概述 / 174

第二节　构件式幕墙 / 174

第三节　单元式幕墙 / 194

第四节　点支承幕墙 / 203

第五节　全玻璃幕墙 / 212

第六节　光伏光电幕墙 / 218

第七节　双层幕墙 / 220

第八节　安全规定 / 223

第八章　幕墙的使用维护与管理 / 227

第九章 既有幕墙的维护与安全检查 / 233

第十章 幕墙维修与改造 / 273

　　第一节 建筑幕墙节能的改造情况分析 / 274
　　第二节 建筑幕墙节能改造 / 275

附　录 / 279

　　附录 1　住房城乡建设部《关于进一步加强玻璃幕墙安全防
　　　　　护工作的通知》中有关维护保养的要求 / 280
　　附录 2　浙江省《建筑幕墙安全技术要求》中有关维护保养
　　　　　的要求 / 281
　　附录 3　深圳市《关于加强建筑幕墙安全管理的通知》中有
　　　　　关维护保养的要求 / 282

**青川县未成年人校外活动中心参加援建和业已捐资的
单位、团队和个人名单 / 285**

第一章

节能型幕墙概述

第一节　概述

幕墙是由面板与支承结构体系组成，具有一定的承载能力、变形能力和适应主体结构位移能力，不分担主体结构所受作用的建筑外围护墙体结构或装饰性结构。

有两个必要条件：（1）有支承结构体系与面板；（2）相对主体有一定的位移能力且不分担主体结构所受作用力。

最早出现的玻璃幕墙是在 1917 年美国旧金山的哈里德大厦，而真正意义上的玻璃幕墙是 1952 年初建成的纽约利华大厦和联合国大厦，我国第一个采用玻璃幕墙的工程是 1984 年建造的北京长城饭店（图 1-1 ~ 图 1-4）。

图 1-1　哈里德大厦　　　　　　　　　图 1-2　纽约利华大厦

建筑幕墙通常是挂在主体结构外侧，设计时可充分考虑节能措施，玻璃幕墙、金属及石材幕墙、门窗及采光顶都可以设计成节能型幕墙。节能建筑幕墙是很多现代化城市节能的关键，尤其是北方地区，可有效减少暖气和空调的能源消耗。节能型建筑门窗和幕墙，具有节能环保、美观、采光好等优势，是符合社会发展的产物。

图 1-3 联合国大厦

图 1-4 北京长城饭店

　　国内建筑幕墙从 1984 年开始起步，历经 30 多年的发展，已经成为世界第一幕墙生产大国。2003 年我国生产了约 1000 万 m² 建筑幕墙，约占全世界当年用量的 2/3 左右，到 2017 年我国建成了约 6 亿多 m² 各式建筑幕墙（包括采光屋面）工程，占世界总量的一半还多。与传统的建筑相比，建筑幕墙是融建筑技术、建筑艺术、建筑功能为一体的一种外围护结构。建筑幕墙已成为现代建筑文化、建筑个性、建筑艺术、建筑科学的重要标志。

第二节　幕墙的分类

　　由于建筑的不断发展、更新，作为建筑外衣的幕墙种类也越来越多，《建筑幕墙术语》GB/T 34327—2017 涵盖了全部幕墙类型，并对其进行定义和分类，幕墙的分类如图 1-5 所示。

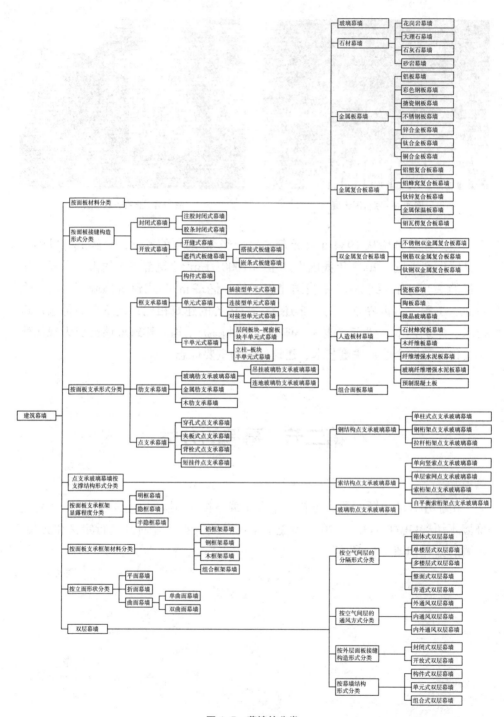

图 1-5　幕墙的分类

第三节 幕墙节能要求

建筑节能是指节约各类建筑采暖供热、空调制冷、采光照明以及调节室内空气、温湿度，改变居室环境质量的能源消耗，还包括利用可再生能源的节能综合技术工程。

建筑幕墙由于丰富的结构造型和众多的面板选择，特别符合现代建筑的要求。目前我国的公共建筑特别是大型商场、高档旅馆酒店、高档办公楼等建筑围护结构使用了大量的建筑幕墙，在全年用能系统能耗中，大约50%左右消耗于空调制冷与采暖系统，而在空调采暖能耗中，大约30%由外围护结构传热所消耗。而其作为围护结构的组成部分，建筑幕墙对建筑节能来讲意义重大。

节能型建筑幕墙的节能性能主要是指对建筑保温隔热性能和气密性两项物理性能，达到或高于现行的建筑节能设计标准要求的建筑幕墙。

由于我国地域广阔，南北方、东西部地理气候环境差异很大，不同的环境条件下对建筑幕墙的节能要求有所不同。国家《公共建筑节能设计标准》GB 50189—2015 对各类地区不同窗墙比的幕墙节能提出了各自的性能要求。作为建筑围护结构，节能型建筑幕墙的含义中除了节能性能指标外还有其对应的环境指标。

一、一般要求

（1）建筑幕墙的透光部分和非透光部分应分别满足不同热工性能指标，并应符合建筑主体的热工设计要求。

建筑幕墙的热工设计包括：保温设计、防结露设计、隔热设计。

（2）建筑幕墙的透明部分和非透明部分的热工性能指标应符合现行《公共建筑节能设计标准》GB 50189—2015、《民用建筑热工设计规范》GB 50176—2016、《建筑门窗玻璃幕墙热工计算规程》JGJ/T 151—2008 等有关规定，并应依据区域气候条件差异，参考现行《严寒和寒冷地区居住建筑节能设计标准》JGJ 26—2010、《夏热冬冷地区居住建筑节能设计标准》JGJ 134—2010 和《夏热冬暖地区居住建筑节能设计标准》JGJ 75—2012，并符合当地对建筑节能标准的相关规定。

（3）严寒、寒冷、夏热冬冷地区建筑的玻璃幕墙宜进行结露验算，在设计计算条件下，外墙的热桥部位的内表面温度不宜低于室内的露点温度。

（4）建筑幕墙的气密性应符合国家标准《建筑幕墙》GB/T 21086—2007 中第 5.1.3 条的规定且不应低于 3 级。

二、透光幕墙节能设计

（1）透光幕墙的传热系数应为包括结构性热桥在内的平均传热系数。透光幕墙的传热系数应按现行国家标准《民用建筑热工设计规范》GB 50176—2016 的有关规定计算。

（2）当设置外遮阳构件时，透光幕墙的太阳得热系数应是透光幕墙本身的太阳得热系数与外遮阳构件的遮阳系数的乘积。透光幕墙本身的太阳得热系数和外遮阳构件的遮阳系数应按现行国家标准《民用建筑热工设计规范》GB 50176—2016 的有关规定计算。

（3）严寒地区甲类公共建筑各单一立面窗墙面积比均不宜大于 0.6，其他地区甲类公共建筑各单一立面窗墙面积比均不宜大于 0.7。

（4）甲类公共建筑单一立面窗墙面积比小于 0.4 时，玻璃的可见光透射率不小于 0.4。

（5）夏热冬暖、夏热冬冷、温和地区的建筑各朝向透光幕墙均应采取遮阳措施。

（6）当建筑底层大堂确需采用单层玻璃时，单层玻璃的面积宜不大于其所在朝向透明幕墙面积的 15%，所在朝向透明幕墙的传热系数应符合热工设计要求。

（7）透光幕墙整体的传热系数、遮阳系数、可见光透射比应采用各部件的相应数值按面积进行加权平均计算。

（8）若幕墙与墙体之间存在热桥，当热桥的总面积不大于墙体部分面积 1% 时，热桥的影响可忽略；当热桥的总面积大于墙体部分面积 1% 时应计算热桥的影响。

（9）外通风双层幕墙的内层幕墙应采用中空玻璃，内通风双层幕墙的外层幕墙应采用中空玻璃，板块构造形式经热工计算确定。

（10）双层玻璃幕墙宜采用外通风双层幕墙。

（11）内通风双层幕墙的外层幕墙应采用有隔热构造措施的型材，外通风双层幕墙的内层幕墙应采用有隔热构造措施的型材。

（12）典型玻璃系统光学热工参数可参考《建筑门窗玻璃幕墙热工计算规程》JGJ/T 151—2008 所提供的数据，在没有准确计算或实验的情况下，可通过厂家和第三方检测机构数值作为设计参考。

三、非透光部分幕墙节能设计

（1）甲类公共建筑的非透光幕墙的传热系数应不大于 0.8W/（m²·K）。

（2）非透明幕墙热工性能应按照《民用建筑热工设计规范》GB 50176—2016 计算确定，首先计算热阻材料的热阻，然后计算围护结构的总热阻，得到非透明幕墙的传热系数。

（3）非透明幕墙的传热系数应按照其构造组成的各材料层热阻相加的方法计算，幕墙面板背后材料层不同时，应按照相应数值的面积加权平均计算。

（4）非透明幕墙面板背后的空间内应设置保温构造层，幕墙保温材料与面板或与主体结构外表面之间应有不小于 50mm 的空气层，玻璃面板内层应有不小于 50mm 空气层。

（5）从笨重性外挂板材走向更轻型的板材和结构（天然石材厚度 25mm，新型人造材料最薄达到 6mm）。

四、节能地方标准汇总

地方标准见表 1-1。

序号	省市自治区	标准名称
		节能地方标准 表 1-1
1	北京	北京市《公共建筑节能设计标准》DB 11/687—2015 北京市《居住建筑节能设计标准》DB 11/891—2012 北京市《公共建筑节能评价标准》DB 11/T 1198—2015
2	上海	上海市《公共建筑节能设计标准》DGJ 08-107—2015 上海市《居住建筑节能设计标准》DGJ 08-205—2015
3	天津	《天津市公共建筑节能设计标准》DB 29-153—2014 《天津市居住建筑节能设计标准》DB 29-1—2013
4	重庆	重庆市《公共建筑节能（绿色建筑）设计标准》DBJ 50-052—2016 重庆市《居住建筑节能 65%（绿色建筑）设计标准》DBJ 50-071—2016
5	黑龙江	《公共建筑节能设计标准黑龙江省实施细则》DB 23/1269—2008 《黑龙江省居住建筑节能 65% 设计标准》DB 23/1270—2008

续表

序号	省市自治区	标准名称
6	辽宁	辽宁省《公共建筑节能（65%）设计标准》DB 21/T 1899—2011 辽宁省《居住建筑节能设计标准》DB 21/T 1476—2011
7	吉林	吉林省《公共建筑节能设计标准（节能65%）》DB 22/JT 149—2016 吉林省《居住建筑节能设计标准（节能75%）》DB 22/T 1887—2013
8	河北	河北省《公共建筑节能设计标准》DB 13（J）81—2016 河北省《居住建筑节能设计标准（节能75%）》DB 13（J）185—2015
9	河南	《河南省公共建筑节能设计标准》DBJ 41/T 075—2016 《河南省居住建筑节能设计标准（寒冷地区65%+）》DBJ 41/062—2017
10	浙江	浙江省《公共建筑节能设计标准》DB 33/1038—2007 浙江省《居住建筑节能设计标准》DB 33/1015—2015
11	湖南	《湖南省公共建筑节能设计标准》DBJ 43/003—2017 《湖南省居住建筑节能设计标准》DBJ 43/001—2017
12	湖北	湖北省《低能耗居住建筑节能设计标准》DB 42/T 559—2013
13	四川	《四川省公共建筑节能改造技术规程》DBJ 51/T 058—2016 《四川省居住建筑节能设计标准》DB 51/5027—2012
14	山东	山东省《公共建筑节能设计标准》DBJ 14-036—2006 山东省《居住建筑节能设计标准》DB37/5026—2014
15	山西	山西省《公共建筑节能设计标准》DBJ 04-241—2013 山西省《居住建筑节能设计标准》DBJ 04-242—2012
16	陕西	陕西省《居住建筑节能设计标准》DBJ 61-65—2011
17	安徽	《安徽省公共建筑节能设计标准》DB 34/1467—2011 《安徽省居住建筑节能设计标准》DB 34/1466—2011
18	江苏	《江苏省公共建筑节能设计标准》DGJ 32 J96—2010 《江苏省居住建筑热环境和节能设计标准》DGJ 32/J 71—2014
19	福建	《福建省居住建筑节能设计标准》DBJ 13-62—2014
20	广东	《公共建筑节能设计标准》广东省实施细则 DBJ 15-51—2007 《夏热冬暖地区居住建筑节能设计标准》广东省实施细则 DBJ 15-50—2006
21	海南	《海南省公共建筑节能设计标准》DBJ 46-003—2017
22	云南	《云南省民用建筑节能设计标准》DBJ 53/T-39—2011
23	贵州	《贵州省居住建筑节能设计标准》DBJ 52-49—2008
24	青海	《青海省公共建筑节能设计标准》DB63/T 1627—2018 《青海省居住建筑节能设计标准—75%节能（试行）》DB63/T 1626—2018
25	甘肃	甘肃省《采暖居住建筑节能设计标准》DB 62/T 25-3033—2006
26	江西	《江西省居住建筑节能设计标准》DBJ/T 36-024—2014
27	内蒙古自治区	内蒙古《公共建筑节能设计标准》DBJ 03-27—2017 内蒙古《居住建筑节能设计标准》DBJ 03-35—2011

续表

序号	省市自治区	标准名称
28	宁夏回族自治区	宁夏回族自治区《居住建筑节能设计标准》DB 64/521—2013
29	新疆维吾尔自治区	新疆维吾尔自治区《公共建筑节能设计标准》XJJ 034—2017 新疆维吾尔自治区《严寒和寒冷地区居住建筑节能设计标准实施细则》XJJ 001—2011
30	西藏自治区	《西藏自治区民用建筑节能设计标准》DBJ 540001—2016
31	广西壮族自治区	《广西公共建筑节能设计规范》DBJ 45/003—2012 《广西壮族自治区居住建筑节能设计规范》DB 45/221—2007

第四节 与幕墙相关的标准、规范、国家及行业标准

我国的建筑幕墙相关标准按照适用范围也可分为国家标准、行业标准、地方标准和企业标准四个级别。建筑工程技术及材料领域的国家标准（以"GB"开头）、工程建设行业技术规范（以"JGJ"开头）、建材领域的材料标准（以"JC"开头）、其他行业相关标准（如以"YB""YS"开头）。

根据标准的约束性，标准可分为强制性和推荐性标准，强制性标准（如GB）是指保障人体健康，人身、财产安全的标准和法律、行政法规规定强制执行的标准；推荐性标准（如GB/T）是指国家鼓励自愿采用的具有指导作用而又不宜强制执行的标准，即标准所规定的技术内容和要求具有普遍的指导作用，允许使用单位结合自己的实际情况，灵活加以选用。强制性条文是为了工程的安全必须确保遵循的，在相关的规程规范中以粗体或黑体字醒目标识的条文，必须严格执行。

（1）政府发布的文件见表1-2。

政府发布的文件　　　　　　　　　　　　　　　　表1-2

序号	标准名称
1	《住房城乡建设部 国家安全监管总局关于进一步加强玻璃幕墙安全维护工作的通知》（建标〔2015〕38号）
2	《建筑安全玻璃管理规定》（发改运行〔2003〕2116号）

续表

序号	标准名称
3	《危险性较大的分部分项工程安全管理规定》（建设部令第 37 号）
4	《建筑工程设计文件编制深度规定》（2016 年版）

（2）建筑结构相关标准、规范见表 1-3。

建筑结构相关标准、规范　　　　表 1-3

序号	标准号	标准名称
1	GB 3096—2008	声环境质量标准
2	GB 12158—2006	防止静电事故通用导则
3	GB 17740—2017	地震震级的规定
4	GB 18306—2015	中国地震动参数区划图
5	GB/T 50001—2017	房屋建筑制图统一标准
6	GB 50009—2012	建筑结构荷载规范
7	GB 50010—2010（2015 年版）	混凝土结构设计规范
8	GB 50011—2010（2016 年版）	建筑抗震设计规范
9	GB 50016—2014（2018 年版）	建筑设计防火规范
10	GB 50017—2017	钢结构设计标准
11	GB 50018—2002	冷弯薄壁型钢结构设计规范
12	GB 50019—2015	工业建筑供暖通风与空气调节设计规范
13	GB 50026—2007	工程测量规范
14	GB 50033—2013	建筑采光设计标准
15	GB 50068—2001	建筑结构可靠度设计统一标准
16	GB 50057—2010	建筑物防雷设计规范
17	GB 50099—2011	中小学校设计规范
18	GB 50118—2010	民用建筑隔声设计规范
19	GB 50223—2008	建筑工程抗震设防分类标准
20	GB/T 50319—2013	建筑工程监理规范
21	GB 50352—2005	民用建筑设计通则
22	GB 50367—2013	混凝土结构加固设计规范
23	GB 50368—2005	住宅建筑规范
24	GB 50429—2007	铝合金结构设计规范

续表

序号	标准号	标准名称
25	GB 50661—2011	钢结构焊接规范
26	GB 51251—2017	建筑防烟排烟系统技术标准
27	GB/T 14367—2006	声学　噪声源声功率级的测定　基础标准使用指南
28	GB/T 14370—2015	预应力筋用锚具、夹具和连接器
29	GB/T 17742—2008	中国地震烈度表
30	GB/T 15463—2018	静电安全术语
31	GB/T 18207.1—2008	防震减灾术语　第1部分：基本术语
32	GB/T 19889.3—2005	声学　建筑和建筑构件隔声测量　第3部分：建筑构件空气声隔声的实验室测量
	GB/T 19889.5—2006	声学　建筑和建筑构件隔声测量　第5部分：外墙构件和外墙空气声隔声的现场测量
33	GB/T 21714.1—2015	雷电保护　第1部分：总则
	GB/T 21714.2—2015	雷电保护　第2部分：风险管理
	GB/T 21714.3—2015	雷电保护　第3部分：建筑物的物理损坏和生命危险
	GB/T 21714.4—2015	雷电保护　第4部分：建筑物内电气和电子系统
34	GB/T 27028—2008	合格评定　第三方产品认证制度应用指南
35	GB 50033—2013	建筑采光设计标准
36	GB/T 50121—2005	建筑隔声评价标准
37	GB/T 50378—2014	绿色建筑评价标准
38	JGJ 3—2010	高层建筑混凝土结构技术规程
39	JGJ 7—2010	空间网格结构技术规程
40	JGJ 16—2008	民用建筑电气设计规范
41	JGJ 39—2016	托儿所、幼儿园建筑设计规范
42	JGJ 46—2005	施工现场临时用电安全技术规范
43	JGJ 80—2016	建筑施工高处作业安全技术规范
44	JGJ 82—2011	钢结构高强度螺栓连接技术规程
45	JGJ/T 97—2011	工程抗震术语标准
46	JGJ/T 121—2015	工程网络计划技术规程
47	JGJ/T 235—2011	建筑外墙防水工程技术规程
48	DGJ 08-1983—2000	防静电工程技术规程
49	15K606	建筑防烟排烟系统技术标准 图示

（3）建筑幕墙相关标准、规范见表1-4。

建筑幕墙相关标准、规范　　　　　　　　　　　　　表 1-4

序号	标准号	标准名称
1	GB/T 21086—2007	建筑幕墙
2	GB/T 34327—2017	建筑幕墙术语
3	JGJ 102—2003	玻璃幕墙工程技术规范
4	JGJ 113—2015	建筑玻璃应用技术规程
5	JGJ 133—2001	金属与石材幕墙工程技术规范
6	JGJ 168—2009	建筑外墙清洗维护技术规程
7	JGJ 203—2010	民用建筑太阳能光伏系统应用技术规范
8	JGJ 257—2012	索结构技术规程
9	JGJ 321—2014	点挂外墙板装饰工程技术规程
10	JGJ 336—2016	人造板材幕墙工程技术规范
11	JGJ/T 172—2012	建筑陶瓷薄板应用技术规程
12	JG/T 216—2007	小单元建筑幕墙
13	JGJ/T 423—2018	玻璃纤维增强水泥（GRC）建筑应用技术标准
14	CECS 127—2001	点支式玻璃幕墙工程技术规程
15	07J103—8	双层幕墙

（4）节能标准、规范见表1-5。

节能标准、规范　　　　　　　　　　　　　表 1-5

序号	标准号	标准名称
1	GB 50176—2016	民用建筑热工设计规范
2	GB 50178—1993	建筑气候区划标准
3	GB 50189—2015	公共建筑节能设计标准
4	GB/T 20311—2006	建筑构件和建筑单元　热阻和传热系数　计算方法
5	GB/T 22476—2008	中空玻璃稳态 U 值（传热系数）的计算及测定
6	JGJ 26—2010	严寒和寒冷地区居住建筑节能设计标准
7	JGJ 75—2012	夏热冬暖地区居住建筑节能设计标准
8	JGJ 129—2012	既有居住建筑节能改造技术规程

续表

序号	标准号	标准名称
9	JGJ/T 132—2009	居住建筑节能检测标准
10	JGJ 134—2010	夏热冬冷地区居住建筑节能设计标准
11	JGJ 237—2011	建筑遮阳工程技术规范
12	JG/T 277—2010	建筑遮阳热舒适、视觉舒适性能与分级
13	JGJ/T 129—2012	既有居住建筑节能改造技术规程
14	JGJ/T 151—2008	建筑门窗玻璃幕墙热工计算规程
15	JGJ/T 346—2014	建筑节能气象参数标准
16	JGJ/T 154—2007	民用建筑能耗数据采集标准

（5）性能检测及验收相关标准、规范见表1-6。

性能检测及验收相关标准、规范　　　　　表1-6

序号	标准号	标准名称
1	GB 50204—2015	混凝土结构工程施工质量验收规范
2	GB 50205—2001	钢结构工程施工质量验收规范
3	GB 50210—2018	建筑装饰装修工程质量验收标准
4	GB 50411—2007	建筑节能工程施工质量验收规范
5	GB 50576—2010	铝合金结构工程施工质量验收规范
6	GB 50601—2010	建筑物防雷工程施工与质量验收规范
7	GB/T 15227—2007	建筑幕墙气密、水密、抗风压性能检测方法
8	GB/T 18091—2015	玻璃幕墙光热性能
9	GB/T 18250—2015	建筑幕墙层间变形性能分级及检测方法
10	GB/T 18575—2017	建筑幕墙抗震性能振动台试验方法
11	GB/T 21431—2015	建筑物防雷装置检测技术规范
12	JG/T 211—2007	建筑外窗气密、水密、抗风压性能现场检测方法
13	JG/T 397—2012	建筑幕墙热循环试验方法
14	JGJ/T 139—2001	玻璃幕墙工程质量检验标准
15	JGJ/T 324—2014	建筑幕墙工程检测方法标准
16	JGJ/T 357—2015	围护结构传热系数现场检测技术规程

（6）建筑幕墙用五金件相关标准、规范见表1-7。

建筑幕墙用五金件相关标准、规范　　　　　　表 1-7

序号	标准号	标准名称
1	JG/T 124—2017	建筑门窗五金件　传动机构用执手
2	JG/T 125—2017	建筑门窗五金件　合页（铰链）
3	JG/T 126—2017	建筑门窗五金件　传动锁闭器
4	JG/T 127—2017	建筑门窗五金件　滑撑
5	JG/T 128—2017	建筑门窗五金件　撑挡
6	JG/T 130—2017	建筑门窗五金件　单点锁闭器
7	JG/T 213—2017	建筑门窗五金件　旋压执手
8	JG/T 214—2017	建筑门窗五金件　插销
9	JG/T 215—2017	建筑门窗五金件　多点锁闭器
10	JG/T 233—2017	建筑门窗用通风器
11	JG/T 433—2014	建筑幕墙用平推窗滑撑
12	JG/T 138—2010	建筑玻璃点支承装置
13	JG/T 139—2017	吊挂式玻璃幕墙用吊夹
14	YB/T 4294—2012	不锈钢拉索
15	QB/T 2473—2017	外装门锁
16	QB/T 2476—2017	球形门锁
17	QB/T 2697—2013	地弹簧
18	04J631	门、窗、幕墙窗用五金附件

（7）钢材相关标准、规范见表1-8。

钢材相关标准、规范　　　　　　表 1-8

序号	标准号	标准名称
1	GB/T 699—2015	优质碳素结构钢
2	GB 716—1991	碳素结构钢冷轧钢带
3	GB/T 1499.2—2018	钢筋混凝土用钢　第2部分：热轧带肋钢筋
4	GB/T 4340.1—2009	金属材料　维氏硬度试验　第1部分：试验方法
	GB/T 4340.2—2012	金属材料　维氏硬度试验　第2部分：硬度计的检验与校准
	GB/T 4340.3—2012	金属材料　维氏硬度试验　第3部分：标准硬度块的标定
5	GB/T 6462—2005	金属和氧化物覆盖层厚度测量显微镜法

续表

序号	标准号	标准名称
6	GB/T 6946—2008	钢丝绳铝合金压制接头
7	GB 8918—2006	重要用途钢丝绳
8	GB/T 221—2008	钢铁产品牌号表示方法
9	GB/T 228.1—2010	金属材料　拉伸试验　第 1 部分：室温试验方法
	GB/T 228.2—2015	金属材料　拉伸试验　第 2 部分：高温试验方法
10	GB/T 232—2010	金属材料　弯曲试验方法
11	GB/T 324—2008	焊缝符号表示法
12	GB/T 700—2006	碳素结构钢
13	GB/T 706—2016	热轧型钢
14	GB/T 711—2017	优质碳素结构钢热轧钢板和钢带
15	GB/T 1591—2018	低合金高强度结构钢
16	GB/T 2518—2008	连续热镀锌钢板及钢带
17	GB/T 3077—2015	合金结构钢
18	GB/T 3094—2012	冷拔异型钢管
19	GB/T 3274—2017	碳素结构钢和低合金结构钢热轧钢板和钢带
20	GB/T 4171—2008	耐候结构钢
21	GB/T 5117—2012	非合金钢及细晶粒钢焊条
22	GB/T 5118—2012	热强钢焊条
23	GB/T 5213—2008	冷轧低碳钢板及钢带
24	GB/T 8162—2008	结构用无缝钢管
25	GB/T 8706—2017	钢丝绳　术语、标记和分类
26	GB/T 9799—2011	金属及其他无机覆盖层 钢铁上经过处理的锌电镀层
27	GB/T 10623—2008	金属材料　力学性能试验术语
28	GB/T 11253—2007	碳素结构钢冷轧薄钢板及钢带
29	GB/T 11263—2017	热轧 H 型钢和剖分 T 型钢
30	GB/T 11352—2009	一般工程用铸造碳钢件
31	GB/T 12754—2006	彩色涂层钢板及钢带
32	GB/T 12755—2008	建筑用压型钢板
33	GB/T 13237—2013	优质碳素结构钢冷轧钢板和钢带
34	GB/T 13304.1—2008	钢分类　第 1 部分：按化学成分分类
	GB/T 13304.2—2008	钢分类　第 2 部分：按主要质量等级和主要性能或使用特性的分类
35	GB/T 13448—2006	彩色涂层钢板及钢带试验方法

续表

序号	标准号	标准名称
36	GB/T 13790—2008	搪瓷用冷轧低碳钢板及钢带
37	GB/T 13912—2002	金属覆盖层 钢铁制件热浸镀锌层 技术要求及试验方法
38	GB/T 14977—2008	热轧钢板表面质量的一般要求
39	GB/T 17616—2013	钢铁及合金牌号统一数字代号体系
40	GB/T 22315—2008	金属材料 弹性模量和泊松比试验方法
41	GB/T 25832—2010	搪瓷用热轧钢板和钢带
42	GB/T 30062—2013	钢管术语
43	GB/T 30063—2013	结构用直缝埋弧焊接钢管
44	JG/T 137—2007	结构用高频焊接薄壁 H 型钢
45	JG/T 178—2005	建筑结构用冷弯矩形钢管
46	JG/T 201—2007	建筑幕墙用钢索压管接头
47	JG/T 330—2011	建筑工程用索
48	JG/T 378—2012	冷轧高强度建筑结构用薄钢板
49	JG/T 380—2012	建筑结构用冷弯薄壁型钢
50	JG/T 381—2012	建筑结构用冷成型焊接圆钢管
51	JG/T 389—2012	建筑用钢质拉杆构件
52	YB/T 4457—2015	建筑用连续热镀锌钢板及钢带

（8）不锈钢材料相关标准、规范见表1-9。

不锈钢材料相关标准、规范　　　　　　　　表 1-9

序号	标准号	标准名称
1	GB/T 9944—2015	不锈钢丝绳
2	GB/T 983—2012	不锈钢焊条
3	GB/T 1220—2007	不锈钢棒
4	GB/T 2100—2017	通用耐蚀钢铸件
5	GB/T 4226—2009	不锈钢冷加工钢棒
6	GB/T 4232—2009	冷顶锻用不锈钢丝
7	GB/T 4237—2015	不锈钢热轧钢板和钢带
8	GB/T 4238—2015	耐热钢钢板和钢带
9	GB/T 4240—2009	不锈钢丝
10	GB/T 6967—2009	工程结构用中、高强度不锈钢铸件

续表

序号	标准号	标准名称
11	GB/T 14975—2012	结构用不锈钢无缝钢管
12	GB/T 20878—2007	不锈钢和耐热钢 牌号及化学成分
13	GB/T 25821—2010	不锈钢钢绞线
14	JG/T 73—1999	不锈钢建筑型材
15	YB/T 4294—2012	不锈钢拉索
16	YB/T 5309—2006	不锈钢热轧等边角钢

（9）铝材相关标准、规范见表1-10。

铝材相关标准、规范 表1-10

序号	标准号	标准名称
1	GB/T 5237.1—2017	铝合金建筑型材 第1部分：基材
	GB/T 5237.2—2017	铝合金建筑型材 第2部分：阳极氧化型材
	GB/T 5237.3—2017	铝合金建筑型材 第3部分：电泳涂漆型材
	GB/T 5237.4—2017	铝合金建筑型材 第4部分：喷粉型材
	GB/T 5237.5—2017	铝合金建筑型材 第5部分：喷漆型材
	GB/T 5237.6—2017	铝合金建筑型材 第6部分：隔热型材
2	GB/T 8014.1—2005	铝及铝合金阳极氧化氧化膜厚度的测量方法 第1部分：测量原则
	GB/T 8014.2—2005	铝及铝合金阳极氧化氧化膜厚度的测量方法 第2部分：质量损失法
	GB/T 8014.3—2005	铝及铝合金阳极氧化氧化膜厚度的测量方法 第3部分：分光束显微镜法
3	GB/T 3190—2008	变形铝及铝合金化学成分
4	GB/T 3191—2010	铝及铝合金挤压棒材
5	GB/T 3199—2007	铝及铝合金加工产品包装、标志、运输、贮存
6	GB/T 3621—2007	钛及钛合金板材
7	GB/T 3880.1—2012	一般工业用铝及铝合金板、带材 第1部分：一般要求
	GB/T 3880.2—2012	一般工业用铝及铝合金板、带材 第2部分：力学性能
	GB/T 3880.3—2012	一般工业用铝及铝合金板、带材 第3部分：尺寸偏差
8	GB/T 8013.1—2018	铝及铝合金阳极氧化膜与有机聚合物膜 第1部分：阳极氧化膜
	GB/T 8013.2—2018	铝及铝合金阳极氧化膜与有机聚合物膜 第2部分：阳极氧化复合膜
	GB/T 8013.3—2018	铝及铝合金阳极氧化膜与有机聚合物膜 第3部分：有机聚合物涂膜
9	GB/T 6892—2015	一般工业用铝及铝合金挤压型材
10	GB/T 8005.1—2008	铝及铝合金术语 第1部分：产品及加工处理工艺
	GB/T 8005.3—2008	铝及铝合金术语 第3部分：表面处理

续表

序号	标准号	标准名称
11	GB/T 8753.1—2017	铝及铝合金阳极氧化 氧化膜封孔质量的评定方法 第1部分：酸浸蚀失重法
	GB/T 8753.3—2005	铝及铝合金阳极氧化氧化膜封孔质量的评定方法 第3部分：导纳法
	GB/T 8753.4—2005	铝及铝合金阳极氧化氧化膜封孔质量的评定方法 第4部分：酸处理后的染色斑点法
12	GB/T 10858—2008	铝及铝合金焊丝
13	GB/T 12966—2008	铝合金电导率涡流测试方法
14	GB/T 15114—2009	铝合金压铸件
15	GB/T 15115—2009	压铸铝合金
16	GB/T 12967.1—2008	铝及铝合金阳极氧化膜检测方法 第1部分：用喷磨试验仪测定阳极氧化膜的平均耐磨性
	GB/T 12967.2—2008	铝及铝合金阳极氧化膜检测方法 第2部分：用轮式磨损试验仪测定阳极氧化膜的耐磨性和耐磨系数
	GB/T 12967.3—2008	铝及铝合金阳极氧化膜检测方法 第3部分：铜加速乙酸盐雾试验（CASS试验）
	GB/T 12967.6—2008	铝及铝合金阳极氧化膜检测方法 第6部分：目视观察法检验着色阳极氧化膜色差和外观质量
17	GB/T 16474—2011	变形铝及铝合金牌号表示方法
18	GB/T 16475—2008	变形铝及铝合金状态代号
19	JG 175—2011	建筑用隔热铝合金型材
20	YS/T 437—2018	铝合金型材截面几何参数算法及计算机程序要求
21	YS/T 621—2007	百叶窗用铝合金带材
22	YS/T 680—2016	铝合金建筑型材用粉末涂料
23	YS/T 729—2010	铝塑复合型材
24	YS/T 730—2018	建筑用铝合金木纹型材
25	YS/T 731—2010	建筑用铝-挤压木复合型材

（10）金属板材相关标准、规范见表1-11。

金属板材相关标准、规范　　　　　　　　　　　　表1-11

序号	标准号	标准名称
1	GB/T 2040—2017	铜及铜合金板材
2	GB/T 2059—2017	铜及铜合金带材
3	GB/T 17748—2016	建筑幕墙用铝塑复合板
4	GB/T 22412—2016	普通装饰用铝塑复合板

续表

序号	标准号	标准名称
5	GB/T 23443—2009	建筑装饰用铝单板
6	JC/T 2187—2013	铝波纹芯复合铝板
7	JG/T 331—2011	建筑幕墙用氟碳铝单板制品
8	JG/T 334—2012	建筑外墙用铝蜂窝复合板
9	JG/T 339—2012	建筑用钛锌合金饰面复合板
10	YS/T 429.1—2014	铝幕墙板　第1部分：板基
	YS/T 429.2—2012	铝幕墙板　第2部分：有机聚合物喷涂铝单板
11	YS/T 431—2009	铝及铝合金彩色涂层板、带材
12	YS/T 432—2000	铝塑复合板用铝带

（11）玻璃相关标准、规范见表1-12。

玻璃相关标准、规范　　　　　　　　　　　　　　　　　　　表1-12

序号	标准号	标准名称
1	GB 11614—2009	平板玻璃
2	GB 17840—1999	防弹玻璃
3	GB 15763.1—2009	建筑用安全玻璃　第1部分：防火玻璃
	GB 15763.2—2005	建筑用安全玻璃　第2部分：钢化玻璃
	GB 15763.3—2009	建筑用安全玻璃　第3部分：夹层玻璃
	GB 15763.4—2009	建筑用安全玻璃　第4部分：均质钢化玻璃
4	GB 29551—2013	建筑用太阳能光伏夹层玻璃
5	GB/T 2680—1994	建筑玻璃　可见光透射比、太阳光直射透射比、太阳能总透射比、紫外线透射比及有关窗玻璃参数的测定
6	GB/T 11942—1989	彩色建筑材料色度测量方法
7	GB/T 11944—2012	中空玻璃
8	GB/T 15764—2008	平板玻璃术语
9	GB/T 17841—2008	半钢化玻璃
10	GB/T 18915.1—2013	镀膜玻璃　第1部分：阳光控制镀膜玻璃
	GB/T 18915.2—2013	镀膜玻璃　第2部分：低辐射镀膜玻璃
11	GB/T 29061—2012	建筑玻璃用功能膜
12	GB/T 29757—2013	彩晶装饰玻璃
13	GB/T 29759—2013	建筑用太阳能光伏中空玻璃

续表

序号	标准号	标准名称
14	JC 433—1991（1996）	夹丝玻璃
15	JC/T 511—2002	压花玻璃
16	JC/T 867—2000	建筑用 U 形玻璃
17	JC/T 915—2003	热弯玻璃
18	JC/T 977—2005	化学钢化玻璃
19	JC/T 1079—2008	真空玻璃
20	JC/T 2069—2011	中空玻璃间隔条　第 1 部分：铝间隔条
21	JC/T 2128—2012	超白浮法玻璃
22	JG/T 251—2017	建筑用遮阳金属百叶窗
23	JG/T 255—2009	内置遮阳中空玻璃制品
24	JG/T 354—2012	建筑门窗及幕墙用玻璃术语
25	JG/T 384—2012	门窗幕墙用纳米涂膜隔热玻璃
26	JG/T 455—2014	建筑门窗幕墙用钢化玻璃

（12）石材相关标准、规范见表 1-13。

石材相关标准、规范 表 1-13

序号	标准号	标准名称
1	GB 6566—2010	建筑材料放射性核素限量
2	GB/T 9966.1—2001	天然饰面石材试验方法　第 1 部分：干燥、水饱和、冻融循环后压缩强度试验方法
	GB/T 9966.2—2001	天然饰面石材试验方法　第 2 部分：干燥、水饱和弯曲强度试验方法
	GB/T 9966.3—2001	天然饰面石材试验方法　第 3 部分：体积密度、真密度、真气孔率、吸水率试验方法
	GB/T 9966.4—2001	天然饰面石材试验方法　第 4 部分：耐磨性试验方法
	GB/T 9966.5—2001	天然饰面石材试验方法　第 5 部分：肖氏硬度试验方法
	GB/T 9966.6—2001	天然饰面石材试验方法　第 6 部分：耐酸性试验方法
	GB/T 9966.7—2001	天然饰面石材试验方法　第 7 部分：检测板材挂件组合单元挂装强度试验方法
	GB/T 9966.8—2008	天然饰面石材试验方法　第 8 部分：用均匀静态压差检测石材挂装系统结构强度试验方法
3	GB/T 13890—2008	天然石材术语
4	GB/T 17670—2008	天然石材统一编号

续表

序号	标准号	标准名称
5	GB/T 18600—2009	天然板石
6	GB/T 18601—2009	天然花岗石建筑板材
7	GB/T 19766—2016	天然大理石建筑板材
8	GB/T 20428—2006	岩石平板
9	GB/T 23452—2009	天然砂岩建筑板材
10	GB/T 23453—2009	天然石灰石建筑板材
11	GB/T 32839—2016	干挂石材用金属挂件
12	JC 830.1—2005	干挂饰面石材及其金属挂件 第一部分：干挂饰面石材
	JC 830.2—2005	干挂饰面石材及其金属挂件 第二部分：金属挂件
13	JC/T 202—2011	天然大理石荒料
14	JC/T 204—2011	天然花岗石荒料
15	JC/T 973—2005	建筑装饰用天然石材防护剂

（13）人造板材相关标准、规范见表1-14。

人造板材相关标准、规范 表1-14

序号	标准号	标准名称
1	GB/T 23266—2009	陶瓷板
2	GB/T 27972—2011	干挂空心陶瓷板
3	JG/T 116—2012	聚碳酸酯（PC）中空板
4	JG/T 217—2007	建筑幕墙用瓷板
5	JG/T 234—2008	建筑装饰用搪瓷钢板
6	JG/T 260—2009	建筑幕墙用高压热固化木纤维板
7	JG/T 324—2011	建筑幕墙用陶板
8	JG/T 328—2011	建筑装饰用石材蜂窝复合板
9	JG/T 396—2012	外墙用非承重纤维增强水泥板
10	JC/T 872—2000	建筑装饰用微晶玻璃
11	JC/T 940—2004	玻璃纤维增强水泥（GRC）装饰制品
12	JC/T 994—2006	微晶玻璃陶瓷复合砖
13	JC/T 2085—2011	纤维增强水泥外墙装饰挂板

（14）粘结与密封材料相关标准、规范见表1-15。

粘结与密封材料相关标准、规范　　　　表 1-15

序号	标准号	标准名称
1	GB/T 5576—1997	橡胶和胶乳 命名法
2	GB/T 5577—2008	合成橡胶牌号规范
3	GB/T 7759.1—2015	硫化橡胶或热塑性橡胶 压缩永久变形的测定 第 1 部分：在常温及高温条件下
3	GB/T 7759.2—2014	硫化橡胶或热塑性橡胶 压缩永久变形的测定 第 2 部分：在低温条件下
4	GB 12002—1989	塑料门窗用密封条
5	GB 24264—2009	饰面石材用胶粘剂
6	GB 24266—2009	中空玻璃用硅酮结构密封胶
7	GB/T 531.1—2008	硫化橡胶或热塑性橡胶 压入硬度试验方法 第 1 部分：邵氏硬度计法（邵尔硬度）
8	GB/T 533—2008	硫化橡胶或热塑性橡胶 密度的测定
9	GB/T 3672.1—2002	橡胶制品的公差 第 1 部分：尺寸公差
9	GB/T 3672.2—2002	橡胶制品的公差 第 2 部分：几何公差
10	GB/T 5574—2008	工业用橡胶板
11	GB/T 5577—2008	合成橡胶牌号规范
12	GB/T 5719—2006	橡胶密封制品词汇
13	GB/T 5721—1993	橡胶密封制品标志、包装、运输、贮存的一般规定
14	GB/T 14795—2008	天然橡胶术语
15	GB/T 14682—2006	建筑密封材料术语
16	GB/T 14683—2017	硅酮和改性硅酮建筑密封胶
17	GB 16776—2005	建筑用硅酮结构密封胶
18	GB/T 21526—2008	结构胶粘剂 粘结前金属和塑料表面处理导则
19	GB/T 22083—2008	建筑密封胶分级和要求
20	GB/T 23261—2009	石材用建筑密封胶
21	GB/T 24267—2009	建筑用阻燃密封胶
22	GB/T 24498—2009	建筑门窗、幕墙用密封胶条
23	GB/T 29755—2013	中空玻璃用弹性密封胶
24	JG/T 475—2015	建筑幕墙用硅酮结构密封胶
25	JC/T 482—2003	聚氨酯建筑密封胶
26	JC/T 483—2006	聚硫建筑密封胶
27	JC/T 484—2006	丙烯酸酯建筑密封胶
28	JC/T 485—2007	建筑窗用弹性密封胶
29	JC/T 635—2011	建筑门窗密封毛条

续表

序号	标准号	标准名称
30	JC/T 881—2017	混凝土接缝用建筑密封胶
31	JC/T 882—2001	幕墙玻璃接缝用密封胶
32	JC/T 884—2016	金属板用建筑密封胶
33	JC/T 885—2016	建筑用防霉密封胶
34	JC 887—2001	干挂石材幕墙用环氧胶粘剂
35	JC/T 902—2002	建筑表面用有机硅防水剂
36	JC/T 914—2014	中空玻璃用丁基热熔密封胶
37	JC/T 989—2016	非结构承载用石材粘胶剂
38	JC/T 1018—2006	水性渗透型无机防水剂
39	JC/T 1022—2007	中空玻璃用复合密封胶条
40	HG 3100—1989	建筑橡胶密封垫密封玻璃窗和镶板的预成型实心硫化橡胶材料规范

（15）连接紧固件相关标准、规范见表1-16。

连接紧固件相关标准、规范　　　　　　　表1-16

序号	标准号	标准名称
1	GB 859—1987	轻型弹簧垫圈
2	GB 152.1—1988	紧固件 铆钉用通孔
	GB/T 152.2—2014	紧固件 沉头螺钉用沉孔
	GB 152.3—1988	紧固件 圆柱头用沉孔
	GB 152.4—1988	紧固件 六角头螺栓和六角螺母用沉孔
3	GB/T 41—2016	1 型六角螺母　C 级
4	GB/T 65—2016	开槽圆柱头螺钉
5	GB/T 95—2002	平垫圈　C 级
6	GB/T 97.1—2002	平垫圈　A 级
7	GB/T 818—2016	十字槽盘头螺钉
8	GB/T 819.1—2016	十字槽沉头螺钉　第 1 部分：4.8 级
	GB/T 819.2—2016	十字槽沉头螺钉　第 2 部分：8.8 级、不锈钢及有色金属螺钉
9	GB/T 820—2015	十字槽半沉头螺钉
10	GB/T 845—2017	十字槽盘头自攻螺钉
11	GB/T 846—2017	十字槽沉头自攻螺钉
12	GB/T 847—2017	十字槽半沉头自攻螺钉

续表

序号	标准号	标准名称
13	GB 859—1987	轻型弹簧垫圈
14	GB/T 953—1988	等长双头螺柱 C级
15	GB/T 3103.1—2002	紧固件公差 螺栓、螺钉、螺柱和螺母
16	GB/T 3098.1—2010	紧固件机械性能 螺栓、螺钉和螺柱
	GB/T 3098.2—2015	紧固件机械性能 螺母
	GB/T 3098.3—2016	紧固件机械性能 紧定螺钉
	GB/T 3098.5—2016	紧固件机械性能 自攻螺钉
	GB/T 3098.6—2014	紧固件机械性能 不锈钢螺栓、螺钉和螺柱
	GB/T 3098.11—2002	紧固件机械性能 自钻自攻螺钉
	GB/T 3098.15—2014	紧固件机械性能 不锈钢螺母
	GB/T 3098.19—2004	紧固件机械性能 抽芯铆钉
17	GB/T 5285—2017	六角头自攻螺钉
18	GB/T 5780—2016	六角头螺栓 C级
19	GB/T 5781—2016	六角头螺栓 全螺纹 C级
20	GB/T 5782—2016	六角头螺栓
21	GB/T 5784—1986	六角头螺栓 细杆 B级
22	GB/T 12615.1—2004	封闭型平圆头抽芯铆钉 11级
	GB/T 12615.2—2004	封闭型平圆头抽芯铆钉 30级
	GB/T 12615.3—2004	封闭型平圆头抽芯铆钉 06级
	GB/T 12615.4—2004	封闭型平圆头抽芯铆钉 51级
23	GB/T 12616.1—2004	封闭型沉头抽芯铆钉 11级
24	GB/T 12617.1—2006	开口型沉头抽芯铆钉 10、11级
	GB/T 12617.2—2006	开口型沉头抽芯铆钉 30级
	GB/T 12617.3—2006	开口型沉头抽芯铆钉 12级
	GB/T 12617.4—2006	开口型沉头抽芯铆钉 51级
	GB/T 12617.5—2006	开口型沉头抽芯铆钉 20、21、22级
25	GB/T 12618.1—2006	开口型平圆头抽芯铆钉 10、11级
	GB/T 12618.2—2006	开口型平圆头抽芯铆钉 30级
	GB/T 12618.3—2006	开口型平圆头抽芯铆钉 12级
	GB/T 12618.4—2006	开口型平圆头抽芯铆钉 51级
	GB/T 12618.5—2006	开口型平圆头抽芯铆钉 20、21、22级
	GB/T 12618.6—2006	开口型平圆头抽芯铆钉 40、41级
26	GB/T 14370—2015	预应力筋用锚具、夹具和连接器

续表

序号	标准号	标准名称
27	GB/T 15856.1—2002	十字槽盘头自钻自攻螺钉
	GB/T 15856.2—2002	十字槽沉头自钻自攻螺钉
28	GB/T 16823.1—1997	螺纹紧固件应力截面积和承载面积
	GB/T 16823.2—1997	螺纹紧固件紧固通则
29	GB/T 16938—2008	紧固件 螺栓、螺钉、螺柱和螺母 通用技术条件
30	GB/T 18981—2008	射钉
31	GB/T 20666—2006	统一螺纹　公差
32	GB/T 20667—2006	统一螺纹　极限尺寸
33	GB/T 20668—2006	统一螺纹　基本尺寸
34	GB/T 20669—2006	统一螺纹　牙型
35	GB/T 20670—2006	统一螺纹　直径与牙数系列
36	GB/T 3098.21—2014	紧固件机械性能　不锈钢自攻螺钉
37	GB/T 3099.1—2008	紧固件术语　螺纹紧固件、销及垫圈
38	JG/T 366—2012	外墙保温用锚栓

（16）其他材料及其相关标准、规范见表1-17。

其他材料及其相关标准、规范　　　　　　　　表 1-17

序号	标准号	标准名称
1	GB/T 4132—2015	绝热材料及相关术语
2	GB 8624—2012	建筑材料及制品燃烧性能分级
3	GB 16809—2008	防火窗
4	GB/T 10801.1—2002	绝热用模塑聚苯乙烯泡沫塑料
	GB/T 10801.2—2002	绝热用挤塑聚苯乙烯泡沫塑料（XPS）
5	GB 14907—2002	钢结构防火涂料
6	GB/T 19154—2017	擦窗机
7	GB/T 19155—2017	高处作业吊篮
8	GB 23864—2009	防火封堵材料
	GB 23864—2009/XG1—2012	《防火封堵材料》国家标准第 1 号修改单
9	GB/T 5480—2017	矿物棉及其制品试验方法
10	GB/T 9978：1～9—2008	建筑构件耐火试验方法
11	GB/T 11835—2016	绝热用岩棉、矿渣棉及其制品
12	GB/T 13350—2017	绝热用玻璃棉及其制品

续表

序号	标准号	标准名称
13	GB/T 17795—2008	建筑绝热用玻璃棉制品
14	GB/T 19686—2015	建筑用岩棉绝热制品
15	GB/T 20974—2014	绝热用硬质酚醛泡沫制品（PF）
16	GB/T 21558—2008	建筑绝热用硬质聚氨酯泡沫塑料
17	GB/T 24267—2009	建筑用阻燃密封胶
18	GB/T 28637—2012	电动采光排烟天窗
19	JC/T 973—2005	建筑装饰用天然石材防护剂
20	JC/T 2291—2014	透汽防水垫层
21	JG/T 174—2014	建筑铝合金型材用聚酰胺隔热条

第二章

新型建筑幕墙材料

第一节 面板材料

建筑幕墙的面板材料可谓种类繁多，内容五花八门，只要能满足建筑功能的材料都能应运于幕墙中，我们也不一一罗列清楚，只能挑选其中一部分与读者共飨。

一、PC板

PC板学名聚碳酸酯板，学名阳光板，半透明外墙材料，夜晚效果甚佳。聚碳酸酯板颜色常是无色透明、蓝色透明、绿色透明、茶色和乳白色等，可制成单层平板、双层中空平板、三层中空平板、断面板（梯形、波形板等），如图2-1所示。

图2-1 伦敦拉班（现代舞）中心外墙细部

二、ETFE薄膜

ETFE的中文名为乙烯-四氟乙烯共聚物。ETFE膜材的厚度通常小于0.20mm，是一种透明膜材，由人工高强度氟聚合物（ETFE）制成，其特有抗黏着表面使其具有高抗污、易清洗的特点，通常雨水即可清除主要污垢（图2-2）。

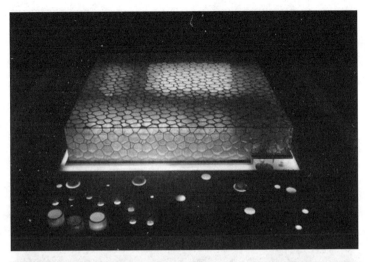

图 2-2　水立方细部

三、PMMA（有机玻璃）

PMMA 学名聚甲基丙烯酸甲酯，俗称有机玻璃，是由甲基丙烯酸甲酯聚合而成的高分子化合物。具有透明性、稳定性和耐候性，易染色、易加工，外观优美。它在建筑中常用于屋顶、围护墙以及玻璃替代品等（图 2-3）。

图 2-3 慕尼黑 1972 年奥运会场馆屋面材料

四、膜材

用于膜结构建筑中的膜材是一种强度好、柔韧性好的薄膜材料，是由纤维编织成织物基材，在其基材两面以树脂为涂层材所加工固定而成的材料，中心的织物基材分为聚酯纤维及玻璃纤维，而作为涂层材使用的树脂有聚氯乙烯树脂（PVC）及聚四氟乙烯树脂（PTFE），在力学上织物基材及涂层材分别具有以下功能性质。

织物基材——抗拉强度、抗撕裂强度、耐热性、耐久性、防火性。

涂层材——耐候性、防污性、加工性、耐水性、耐品、透光性（图 2-4、图 2-5）。

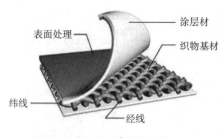

图 2-4　膜材料组成

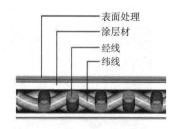

图 2-5　膜材断面图

用于建筑膜结构的膜材，依涂层材不同大致可分为 PVC 膜与 PTEF 膜。

（一）PVC 膜（PVC-Coated Polyester）

PVC 膜材在材料及加工上都比 PTFE 膜便宜，且具有材质柔软、易施工的优点。但在强度、耐用年限、防火性等性能上较 PTFE 膜差。PVC 膜材是由聚酯纤维织物加上 PVC 涂层（聚氯乙烯）而成，一般建筑用的膜材，是在 PVC 涂层材的表面处理上，涂以数亚克力树脂（Acrylic），以改善防污性。但是，经过数年之后就会变色、污损、劣化。一般 PVC 膜的耐用年限，依使用环境不同在 5 ~ 8 年。为了改善 PVC 膜材的耐候性，近年来已研发出以氟素系树脂于 PVC 涂层材的表面处理上做涂层，以改善其耐候性及防污性的膜材。在 PVC 膜表面处理上加以 PVDF 树脂涂层的材料称为 PVDF 膜。PVDF 膜与一般的 PVC 膜比较，耐用年限改善至 7 ~ 10 年左右。

（二）PTFE 膜（PTFE Coated Fiberglass）

PTFE 膜是在超细玻璃纤维织物上，涂以聚四氟乙烯树脂而成的材料。PTFE 膜最大的特点就是耐久性、防火性与防污性高。但 PTFE 膜与 PVC 膜比较，材料费与加工费高，且柔软性低，在施工上为避免玻璃纤维被折断，须有专用工具与施工技术。

耐久性：涂层材的 PTFE 对酸、碱等化学物质及紫外线非常淡定，不易发生变色或破裂。玻璃纤维在经长期使用后，不会引起强度劣化或张力减低。膜材颜色一般为白色，透光率高，耐久性在 25 年以上。

防污性：因涂层材为聚四氟乙烯树脂，表面摩擦系数低，所以不易污染，可由雨水洗净。

防火性：PTFE 膜符合所有国家的防火材料试验合格的特性，可替代其他的屋顶材料做同等的使用用途（图 2-6、图 2-7）。

图 2-6　中国轻纺城体育中心——体育场

图 2-7　中国轻纺城体育中心——体育馆

五、铝及铝合金

铝为典型的轻金属，具有良好的延展性以及加工性能，是我国建筑装饰领域使用最广泛的金属材料。

（一）产品分类

按涂装工艺可分为：喷涂板产品和预辊涂板。
按涂漆种类可分为：聚酯、聚氨酯、聚酰胺、改性硅、氟碳等。

（二）规格

单层铝板可采用纯铝板、锰合金铝板和镁合金铝板。

氟碳铝板有氟碳喷涂板和氟碳预辊涂层铝板两种。

常用材质：3 系列铝板、5 系列铝板和 1 系列铝板。板材厚度通常 ≥ 2.0mm。

其外露的钢柱和桁架，经防腐和防火处理后用铝板包裹（图 2-8）。

图 2-8　香港汇丰银行

六、钛锌板

钛锌板为高级金属合金板。它的成分为 99.995% 纯锌以及少量的铜（0.08%）、钛（0.06%）等合金材料，厚度包括 0.7mm、0.8mm、0.9mm、1.0mm、1.2mm、1.5mm 等规格，材料密度为 7.18 g/cm^3，导热性 109W/（m·K），熔点为 418℃，纵向热膨胀系数 0.022mm/（m·℃），大约重量为 5kg/m^2（0.7mm 厚度）。特别适合公共建筑（尤其是标志性建筑）如机场、会展中心、文化中心、体育场馆、高级住宅、高级写字楼之屋面（图 2-9、图 2-10）。

图 2-9　国家大剧院

图 2-10　杭州大剧院

七、铜及铜合金

　　金属铜导电导热率都相当高，可塑性及延展性好，纯铜呈浅玫瑰色或淡紫红色，表面形成氧化膜后呈紫色，它具有极好的抗腐蚀性能，加入适当其他金属元素后形成合金铜。铜板已经被证明是一种高稳定、低维护的屋面和幕墙材料，铜是一种环保、使用安全、易于加工并且极抗腐蚀的材料；使用寿命超过 100 年，根据英国独立研究机构的报告，铜板的经济性能价格比是屋面金属材料中最好的之一（图 2-11、图 2-12）。

图 2-11 杭州跨湖桥遗址

图 2-12 首都博物馆

八、玻璃

玻璃是非晶无机非金属材料,一般是用多种无机矿物(如石英砂、硼砂、硼酸、重晶石、碳酸钡、石灰石、长石、纯碱等)为主要原料,另外加入少量辅助原料制成的。它的主要成分为二氧化硅和其他氧化物。将玻璃作简单分类主要分为平板玻璃和深加工玻璃,建筑幕墙中通常使用的是深加工玻璃。深加工玻璃随着新材料的不断涌现,新产品也日新月异。这里列举几种,起到抛砖引玉的作用。

（1）Low-E玻璃又称低辐射的玻璃，是在玻璃表面镀上多层金属或其他化合物组成的膜系产品。其镀膜层具有对可见光高透过及对中远红外线高反射的特性，使其与普通玻璃及传统的建筑用镀膜玻璃相比，具有优异的隔热效果和良好的透光性。随着技术进步，Low-E玻璃已经由单银Low-E玻璃发展到双银Low-E玻璃、三银Low-E玻璃。Low-E玻璃由于镀膜层容易氧化一般需要与其他玻璃深加工成中空Low-E玻璃，中空Low-E玻璃可以有效降低太阳辐射热传导，又具有较高太阳可见光透过率（图2-13）。

图2-13　海宁白领氏大厦（采用三银Low-E玻璃）

（2）SGP夹层玻璃又称离子型中间膜夹层玻璃，区别于常规PVB夹层玻璃。SGP膜的撕裂强度是PVB膜的5倍，SGP夹层玻璃在玻璃破碎后仍能保持一定的残余承载力。SGP 夹层玻璃的耐久性、耐候性、边缘稳定性都比 PVB 夹层玻璃强，不需要在夹层玻璃边缘进行封边处理（图 2-14）。

图 2-14　上海陆家嘴苹果店

（3）XIR 夹层玻璃实际是玻璃 +PVB 膜 +XIR 膜 +PVB 膜 + 玻璃的复合夹层玻璃。XIR 膜性能表现为对太阳光中可见光、紫外线及红外线的选择性处理，达到取用户之所需、摒用户之所弃的极佳节能，具有舒适的效果。有"反热不反光"的特性，能达到很强的遮阳效果。特别适合应用于南方地区有较高通透性和遮阳要求的建筑物（图 2-15）。

图 2-15　深圳龙岗大运中心

（4）真空玻璃是基于真空杜瓦瓶（保温瓶）原理拓展而来的，采用两片平板玻璃用低熔点玻璃将四边密封起来，中间抽真空。它基本消除了玻璃间气体的导热和对流传热，其保温隔热性、防结露结霜性、隔声降噪性、抗风压性、耐久性优良，是一种优于中空玻璃的新型绿色环保节能产品。真空玻璃两片玻璃板间隙为 0.1 ~ 0.3 mm，为使玻璃在真空状态下能承受大气压力，两片玻璃板之间放置有微小支撑物，支撑物用金属或非金属无机材料制成，均匀分布。由于支撑物非常小，不会影响玻璃的透光性。在建筑幕墙行业中，节能隔声真空玻璃是继单层玻璃、中空玻璃之后，第三代幕墙玻璃，是目前最有效的节能材料之一。与双层玻璃相比，采用真空玻璃后，传热系数由 4.0 W/（$m^2 \cdot K$）下降到 2.23W/（$m^2 \cdot K$）。传热耗热占建筑物总耗热比例由 20.37% 下降到 13%，建筑物节能率由 36.2% 提高到 42.7%。如采用低辐射真空玻璃，幕墙的保温性能将大大地提高，节能效果更加明显。采用单面低辐射真空玻璃或低辐射真空中空玻璃，传热系数由普通真空玻璃的 2.23W/（$m^2 \cdot K$）下降到 1.56W/（$m^2 \cdot K$）或 1.09W/（$m^2 \cdot K$）。建筑物节能率则由 42.7% 提高到 45.1% 或 51.6%（图 2-16）。

图 2-16　高铁的橱窗玻璃

第二节 支撑材料

幕墙所采用的骨架材料主要有四大类，一种是铝合金型材，一种是碳素钢材，一种是不锈钢线材或板材，一种是玻璃。当然玻璃和不锈钢材料作为支撑结构的幕墙相对较少，主要分布在全玻幕墙和索网幕墙体系中。市场上主流幕墙主要是运用铝合金型材和碳素钢材制作的幕墙框架（也称幕墙龙骨）和面材板块的副框，一般来讲，铝合金型材用做玻璃幕墙的龙骨和副框、铝板和石材幕墙的副框与连接挂件；钢材则用做石材、铝板幕墙的龙骨，玻璃幕墙的支座。

一、铝合金型材

铝是当今在建筑业中使用最多的金属结构材料之一。铝具有良好的材料性能，例如比重很小（2.6 ~ 2.8g/cm³）、强度适宜、化学稳定性好、易于保持清洁、电导率高、辐射性能良好，适合于阳极氧化和容易加工。

通过添加剂诸如镁（Mg）、锰（Mn）、铜（Cu）、硅（Si）和其他一些元素合金添加剂可以很大范围内改变铝的性能，从而也形成了各种铝合金。

（一）铝合金型材形成的过程

铝型材是从铝矾土经过一系列冶炼加工过程才得到的终端产品。一般来讲，先是从铝矾土中提炼出氧化铝粉，每 2t 铝矾土可提供 1t 氧化铝。再把氧化铝投入高温熔池中融化，并通上电流使它分解为氧和铝。每 2t 氧化铝可提取 1t 纯铝。纯铝也叫电解铝，其纯度在 99.5% ~ 99.8%。一般采用 6063—T5 牌号的铝镁硅合金是在纯铝锭的溶液中添加所需的化学成分，并连续铸成各种规格的铝合金棒。为了使铝合金棒达到良好的机械性能和表面质量（包括着色表面质量）需要进行均化处理。均化处理的加热温度为 560 ~ 580℃。最少的保温时间 6h，冷却速度为 200℃/h 以上。然后再把铝合金棒进行挤压加工得到幕墙所需的各种断面的铝合金型材。

（二）铝型材表面处理

为提高铝合金型材表面耐腐蚀性能，满足建筑艺术色彩的要求，保持表面光泽不易划伤、风化，需要对铝合金型材表面做保护处理。表面处理的方法主要有：阳极氧化、电解着色、电泳涂漆、粉末喷涂、氟碳喷涂五种。

阳极氧化：以铝或铝合金制品为阳极置于电解质溶液中，利用电解作用，使其表面形成氧化铝薄膜的过程，称为铝及铝合金阳极氧化处理。常用的方法是直流电硫酸阳极氧化法。

电解着色：电解溶液中的金属离子渗到膜孔隙底部还原沉积而使膜层着色的方法，称为电解着色法。

电泳涂漆：以阳极氧化（着色）后的制品作为阳极，铝或不锈钢为阴极，置于热固化型水溶液丙烯酸透明树脂渣溶液中，在外电场的作用下，带负电荷的涂料粒子向制品移动，从而在其表面形成一层带有胶粘性的漆膜。

粉末喷涂：把干燥粉状物吸附于金属工件，经过 200℃ 左右高温烘干后，粉状物固化成为一定厚度的坚固光亮的涂层。主要成分：环氧树脂、聚酯聚氨酯与它们之间的不同组合。

氟碳喷涂：在铝合金型材进行喷涂前，工件表面要经过去油去污及化学处理，以产生铬化膜，再进行底漆喷涂、面漆喷涂、罩光漆喷涂，最后铝材进入固化炉处理，固化温度一般在 180 ~ 250℃ 之间，固化时间为 15 ~ 25min，增加涂层和金属表面结合力和防氧化能力，有利于延长漆膜的使用年限。

二、钢材

在幕墙工程中除了运用常规钢材如槽钢、工字钢、方钢、角钢外，现在还大量使用中厚钢板、T 形钢、耐候钢等。具体规格与型号应由计算决定。

（一）钢材主要性能

钢材的强度指标有比例极限 δ_p、弹性极限 δ_e、屈服点 f_y 和抗拉强度 f_u。前三个指标实际上可用屈服点 f_y 作为代表，设计时认为这是钢材可以达到的最大应力。抗拉强度 f_u 是钢材在破坏前能够承受的最大应力。

钢材的塑性一般是指当应力超过屈服点后，能产生显著的残余变形（塑性变形）而不立即断裂的性质。衡量钢材塑性好坏的主要指标是伸长率 δ 和断面收缩率 ψ。在测量时断面收缩率容易产生较大的误差。因而钢材标准中往往采用伸长率来保证要求。

钢材的韧性是钢材在塑性变形和断裂过程中吸收能量的能力，也是表示钢材抵抗冲击荷载的能力，与钢材的塑性有关而又不同于塑性，它是强度与塑性的综合表现。韧性指标是冲击试验获得的，它是钢材在冲击荷载作用下是否出现脆性破坏的重要指标之一。

钢材的可焊性是指在一定的工艺和结构条件下，钢材经过焊后能够获得良好的焊接接头的性能。可焊性可分为施工上的可焊性和使用性能的可焊性。施工上的可焊性，是指焊缝金属产生裂纹的敏感性以及由于焊接加热的影响，近缝区钢材硬化和产生裂纹的敏感性。可焊性好是指在一定焊接工艺条件下焊缝金属和近缝区钢材均不产生裂纹。使用性能上的可焊性，是指焊接接头和焊缝的缺口韧性（冲击、韧性）和热影响区的延伸性（塑性）。要求焊接构件在施焊后的力学性能不低于母材的力学性能。

冷弯性能是指钢材在冷加工（即在常温下加工）产生塑性变形时，对产生裂缝的抵抗能力。钢材冷弯性能是用冷弯试验来检验钢材承受规定弯曲程度的弯曲变形性能，并显示其缺陷的程度。冷弯性能合格是一项衡量钢材力学性能的综合指标。

（二）钢材的表面处理

影响钢材结构使用寿命的因素较多。首先，由于钢材的耐用腐蚀性较差，必须采取防护措施。《玻璃幕墙工程技术规范》JGJ 102—2003、《金属与石材幕墙工程技术规范》JGJ 133—2001 规定，可采用钢件表面热浸镀锌、常温氟碳喷涂或其他可靠防腐措施。

热浸镀锌镀层颜色为银灰色稍带浅蓝，随着时间而逐渐变暗，镀层为阳极，在大气条件下有良好的保护层，在海雾条件下没有镀镉层耐久，在 –70℃ 以下，保护性显著下降，在高于 250℃ 以上时，镀层性脆。镀层中等硬度，能承受弯曲、扩展，但经受不住压、不耐磨，能溶解在酸或碱性的介质中，装饰性能不高，镀层经红色或军绿色钝化后，耐磨性在碱溶液中的耐蚀性在显著提高。镀层在潮湿气候和外电压的条件下，极易腐蚀，在紫外线作用下，耐蚀性提高。

三、不锈钢

在幕墙工程中通常使用不锈钢拉索、不锈钢棒、不锈钢钢板、不锈钢管作为支撑构件。具体规格与型号应由计算决定。

不锈钢（Stainless Steel）是不锈耐酸钢的简称，耐空气、蒸汽、水等弱腐蚀介质或具有不锈性的钢种称为不锈钢，"不锈钢"一词不仅仅是单纯指一种不锈钢，而是表示一百多种工业不锈钢，所开发的每种不锈钢都在其特定的应用领域具有良好的性能。成功的关键首先是要弄清用途，然后再确定正确的钢种。和建筑构造应用领域有关的钢种通常只有六种。它们都含有 17%~22% 的铬，较好的钢种还含有镍。添加钼可进一步改善大气腐蚀性，特别是耐含氯化物大气的腐蚀。

不锈钢常按组织状态分为：马氏体钢、铁素体钢、奥氏体钢、奥氏体 - 铁素体（双相）不锈钢及沉淀硬化不锈钢等。幕墙工程中常用奥氏体不锈钢和双相不锈钢。

不锈钢按成分可分为 Cr 系（400 系列）、Cr—Ni 系（300 系列）、Cr—Mn—Ni（200 系列）、耐热铬合金钢（500 系列）及析出硬化系（600 系列），幕墙工程中常用以下六种：

304：通用型号；即 18/8 不锈钢。标准成分是 18% 铬加 8% 镍。为无磁性、无法借由热处理方法来改变其金相组织结构的不锈钢。GB 牌号为 0Cr18Ni9。

304 L：与 304 相同特性，但低碳故更耐蚀、易热处理，但机械性较差，适用焊接及不易热处理之产品。GB 牌号为 00Cr19Ni10。

304 N：与 304 相同特性，是一种含氮的不锈钢，加氮是为了提高钢的强度。GB 牌号为 0Cr19Ni9N。

316：继 304 之后，第二个得到最广泛应用的钢种，添加钼元素使其获得一种抗腐蚀的特殊结构。由于较之 304 其具有更好的抗氯化物腐蚀能力，因而也作"船用钢"来使用。18/10 级不锈钢通常也符合这个应用级别。GB 牌号为 0Cr17Ni12Mo2。

316 L：低碳故更耐蚀、易热处理。GB 牌号为 00Cr17Ni14Mo2。

321：除了因为添加了钛元素降低了材料焊缝锈蚀的风险之外，其他性能类似 304。GB 牌号为 0Cr18Ni11Ti。

第三节　密封材料

幕墙用结构粘结及密封材料主要包括硅酮结构胶、耐候密封胶、间隔双面胶带、密封胶条、泡沫条等。

一、硅酮结构胶

硅酮结构胶是一种中性固化、专为建筑幕墙中的结构粘结装配而设计的结构胶，可在很宽的气温条件下轻易地挤出使用，依靠空气中的水分固化成优异、耐用的高模量、高弹性的硅酮橡胶。在幕墙工程中主要是结构性粘结，多用于中空玻璃的合片，以及玻璃板块的合框。

结构胶指强度高（压缩强度 >65MPa，钢 - 钢正拉粘结强度 >30MPa，抗剪强度 >18MPa），能承受较大荷载，且耐老化、耐疲劳、耐腐蚀，在预期寿命内性能稳定，适用于承受强力的结构件粘结。

结构胶使用中需提前将材料样品和装配图纸送予专业检测公司测试与审核。

二、耐候密封胶

主要用于门窗安装、玻璃装配、中空玻璃二道粘结密封、幕墙填缝密封、金属结构工程填缝密封等。目前幕墙中常用的是硅酮密封胶、聚氨酯密封胶和MS胶。

单组分、使用方便，在 4 ~ 40℃的温度范围内具有良好的可挤出性和触变性，用打胶枪直接挤出施工即可。

中性固化，对金属、镀膜玻璃、混凝土、大理石、花岗石等建筑材料无腐蚀性，应用广泛。

固化时放出低分子醇类物质，无刺激性或难闻气味。

优异的耐气候老化性能，耐老化、耐紫外线、耐臭氧、耐水。

耐高低温性能卓越，固化后在 –50℃的低温下仍不会变脆、硬化或开裂，在 +150℃高温下不会变软、降解，始终保护良好的弹性。

具有优良的粘结性，固化后与大多数建筑材料形成很强的粘结密封而不需要使用底涂。

与其他中性硅酮胶具有良好的相容性。

三、密封胶条

用于制作建筑幕墙密封胶条的材料通常有：三元乙丙（EPDM）、氯丁（CR）、硅酮（SR），因三元乙丙胶条综合性能突出，所以使用面也较其他两种大，下面对它们的性能分别加以介绍。

（一）三元乙丙（EPDM）胶

EPDM 橡胶为人工合成橡胶，三元乙丙是乙烯、丙烯和非共轭二烯烃的三元共聚物，引入第三单体合成后即为三元乙丙橡胶。乙丙橡胶基本上是一种饱和橡胶，主链是由化学稳定的饱和烃组成，只是在侧链中含有不饱和双键，分子内无极性取代基，分子间内聚能低，分子链在宽的温度范围内保持柔顺性，因而使其具有独特的性能。乙丙橡胶的密度是较低的一种橡胶，其密度为 0.87。乙丙橡胶可大量充油和填充炭黑，因而可降低橡胶制品的成本。三元乙丙橡胶耐老化、电绝缘性能和耐臭氧性能突出，化学稳定性好，耐磨性、弹性、耐油性和丁苯橡胶接近。但乙丙橡胶的耐臭氧性能随着第三单体的种类不同而有所差别，其中以 DCPD–EPDM（第三单体为双环戊二烯）为最好。因三元乙丙橡胶同硅酮密封胶的相容性不好，一般幕墙中三元乙丙橡胶与密封胶接触的部位往往有泛黄等现象。

（二）氯丁（CR）橡胶

氯丁橡胶（Neoprene），又名氯丁二烯橡胶，新平橡胶。由氯丁二烯（即2-氯-1,3-丁二烯）为主要原料进行 α-聚合而生产的合成橡胶，被广泛应用于抗风化产品。氯丁橡胶的强伸展性能与天然胶相似，其生胶具有很高的拉伸强度和扯断伸长率，属于自补强性橡胶。氯丁橡胶稳定性良好，不易受大气中的热、氧、光的作用，表面为具有优良的耐老化（耐候、耐臭氧以及耐热等）性能。其耐老化性能特别是耐候、耐臭氧性能，在通用橡胶中仅次于乙丙橡胶和丁基橡胶。氯丁橡胶耐寒性不好。脆性温度在 –40℃左右。氯丁胶在室温下也具有从 a-聚合体向 μ-聚合体转化的性质，因此贮存稳定性较差。通用型氯丁胶贮存期一般不超过 10 个月，21 号氯丁胶贮存期不超过 30 个月。

（三）硅酮（SR）橡胶

硅酮橡胶，一种橡胶状的、含有 6000～7000 硅氧单元的长直链有机硅氧聚合物，掺入一定量的微细分散的二氧化硅或石墨作填充剂，制成实用的橡胶制品。硅酮橡胶在 –90～250℃温度范围内都能保持弹性，并具有良好的电绝缘性。硅橡胶是一种分子链兼具有无机和有机性质的高分子弹性材料，它的分子主链由硅原子和氧原子交替组成，比一般橡胶结构键能大得多，这是硅橡胶具有很高热稳定性的主要原因之一。这种低饱和性的分子结构使硅橡胶具有优良的耐热老化和耐候老化性，对紫外线和臭氧的作用十分稳定。硅酮胶就是由硅橡胶和含酮的有机物共聚而得到的一种新型胶种，它既保留了原硅胶的耐高温、耐候老化和电绝缘等特性，又具有新的性能。硅酮密封胶的相容性好，一般幕墙中直接与密封胶接触的部位推荐使用硅酮橡胶。

四、间隔双面胶带

双面胶带采用高性能胶粘剂，具有杰出的长期聚合力。适于粘结多种各样的基材，包括大部分金属、玻璃、石材及塑料、复合、喷涂表面。双面胶带与传统机械和胶粘方法相比较，优点如下：可作为结构、半结构性连接；不破坏连接表面，没有空出物，没有焊接变形；可防止不同材质之间的电位腐蚀。具有完全密封作用；粘结接头的应力均匀，有良好的疲劳强度；整个粘结面都能承受载荷，因此力学强度比较高；可抵消热膨胀而造成的破坏；可吸收振动和噪声；有极好的初粘力，无需固化，携带、施工方便；粘结层厚度均一，定位简单，节省工时。当然缺点也是存在的：对使用环境要求高（要求环境清洁，温度不低于10℃）；对粘结表面的平整度要求高；造价相对偏高。幕墙中主要应用在玻璃板块粘结中作隔离块使用。

第三章

节点构造设计

第一节　设计原则

建筑幕墙是当代建筑的新型外墙，它赋予建筑的最大特点是将建筑美学、建筑功能、建筑节能和建筑结构等因素有机地统一起来，建筑物从不同角度呈现出不同的色调和质感，给人以美的享受。

建筑幕墙的节能是在对建筑周边的自然环境，如光线、温度、风压、气候状况等充分分析和了解的基础上，针对建筑本身的朝向、高度、室内功能等特点，通过有效的系统技术和产品对室内环境起到适应和调整的过程。这个过程需要综合多种因素考虑，需要处理多种关系，如隔热和得热、采光和遮阳、通风和热交换的关系，气密性、水密性和传热、隔声的关系等。这个过程不应仅仅依据于单一的状态指标，如传统的传热系数 K 值就能够说明和解决的。因此，从节能幕墙的设计原则上讲，建筑幕墙节能设计需要建筑师与幕墙设计师（外围护）、暖通工程师（空调采暖）、室内设计师（采光）等充分协商，尽量达到各方面的统一。应遵循如下原则：科学性、适用性、安全性、经济性。

一、科学性

需综合、全面权衡各因素，充分考虑其功能、性能等诸多方面，合理选型（幕墙的类型和窗墙面积比）、选材和构造。

二、适用性

结合环境因素与项目的具体情况，参照标准规定与地方要求，认真落实国家有关节能政策，同时要处理好建筑低能耗与高舒适度的关系。

三、安全性

结合建筑所在地的风环境，根据荷载规范的要求。

四、经济性

建筑幕墙只是建筑围护结构的一部分，只是建筑节能的一个方面，节能的考虑需全盘考虑，只有达到节能与经济的统一才能体现节能的作用与价值。

第二节 节点构造设计

建筑幕墙是现代建筑的外围护结构，它集合了建筑的使用功能以及外围装饰两个部分，其构件组成主要有立柱、横梁、面板以及相关的连接件等，具有隔热保温、隔声防火、遮风挡雨以及阻止空气渗透等功能特点。建筑外立面通过不同种类的幕墙面板和构造设计，充分体现建筑丰富的色彩和独特的造型，展示建筑的艺术效果。建筑幕墙根据面板种类划分，包括玻璃幕墙、石材幕墙、金属板幕墙、人造板幕墙等。建筑幕墙节点的构造设计，应满足安全、实用、美观、节能的原则，并应便于制作、安装、维修保养和局部更换。建筑幕墙的节能设计，大大改善建筑的室内环境，提高能源利用效率，促进可再生能源的建筑应用，降低建筑能耗。因此，在设计不同类型的幕墙时，我们需要注意如下方面的要点。

一、玻璃幕墙

玻璃幕墙是面板材料为玻璃的建筑幕墙。玻璃幕墙分为构件式玻璃幕墙、单元式玻璃幕墙、肋支承玻璃幕墙和点支承玻璃幕墙。玻璃幕墙重量轻，美观，通透性好，被广泛地应用于各种类型的建筑的外墙。近年来，由于发生过玻璃幕墙自爆或脱落造成他人的危害，因此玻璃幕墙在应用范围上有所限制，具体如下：

（1）新建住宅、党政机关办公楼、医院门诊急诊楼和病房楼、中小学校、托儿所、幼儿园、老年人建筑，不得在二层及以上采用玻璃幕墙。

（2）人员密集、流动性大的商业中心，交通枢纽，公共文化体育设施等场所，临近道路、广场及下部为出入口、人员通道的建筑，严禁采用全隐框玻璃幕墙。以上建筑在二层及以上安装玻璃幕墙的，应在幕墙下方周边区域合理设置绿化带或裙房等缓冲区域，也可采用挑檐、防冲击雨篷等防护设施。

（3）玻璃幕墙宜采用夹层玻璃、均质钢化玻璃或超白玻璃。采用钢化玻璃应符合国家现行标准《建筑门窗幕墙用钢化玻璃》JG/T 455—2014 的规定。

玻璃幕墙通用设计要点：

除以上的限制规定外，玻璃幕墙的构造设计应满足以下要求：

（1）玻璃宜采用安全玻璃。

（2）安全玻璃的最大许用面积应符合《建筑玻璃应用技术规程》JGJ 113—2015 表 7.1.1-1 的规定。

（3）玻璃边缘应进行磨边和倒角处理，其倒棱的棱宽应不小于 1mm，不应有裂纹和缺角。

（4）钢化玻璃应均质处理，建议采用超白钢化玻璃。

（5）夹层玻璃不打孔，建议采用半钢化玻璃。

（6）单片玻璃厚度不应小于 6mm，夹层玻璃的单片厚度不宜小于 5mm。夹层玻璃和中空玻璃的单片玻璃厚度相差不宜大于 3mm。

（7）离线 Low-E 镀膜玻璃膜面应朝向中空气体层，在线 Low-E 的膜面可以暴露于空气中。

（8）幕墙玻璃之间的拼接胶缝宽度应能满足玻璃和胶的变形要求，并不宜小于 10mm。

（9）幕墙玻璃表面周边与建筑内、外装饰物之间的缝隙不宜小于 5mm。

（10）当与玻璃幕墙相邻的楼面外缘无实体墙时，应设置防撞设施。

（11）硅酮结构密封胶和硅酮建筑密封胶必须在有效期内使用。

（一）构件式玻璃幕墙

构件式玻璃幕墙是指在现场依次安装立柱、横梁和面板的框支承建筑玻璃幕墙。

构件式玻璃幕墙通用设计要点：

（1）立柱截面主要受力部位的厚度应符合《玻璃幕墙工程技术规范》JGJ 102—2003 中第 6.3.1 条的规定。

（2）横梁宜采用闭口型材，横梁截面主要受力部位的厚度，应符合《玻璃幕墙工程技术规范》JGJ 102—2003 中第 6.2.1 条的规定。

（3）立柱、横梁等主要受力部位采用螺钉连接时，数量不应少于 2 个，且连接部位应局部加厚，厚度不小于螺钉的公称直径。

（4）立柱横梁的连接应考虑温度变化引起的不同型材或型材与螺钉之间的挤压，避免幕墙异响，可设置柔性垫片或预留 1～2mm 的间隙，间隙内填胶。

（5）上、下立柱之间应留有不小于 15mm 的缝隙，闭口型材可采用长度不小于 250mm 的芯柱连接，应与上下立柱紧密配合。开口型材上柱与下柱之间可采用等强型材机械连接。立柱接缝宜封闭防水。

1. 明框玻璃幕墙

明框玻璃幕墙节点图如图 3-1 所示。

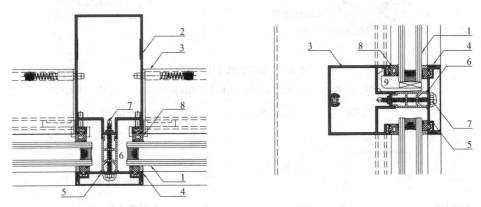

图 3-1 明框玻璃幕墙节点图

1—玻璃；2—立柱；3—横梁；4—扣盖；5—压板；6—隔热条；7—不锈钢紧固件；8—三元乙丙胶条；9—玻璃托条

设计要点：

（1）中空玻璃合片胶宜采用聚硫胶，也可采用硅酮建筑密封胶。

（2）隔热条及玻璃压板应通长布置。

（3）倾斜幕墙时，压板固定螺钉端部及相邻压板对接处应采用硅酮建筑密封胶密封。

（4）玻璃入槽深度应符合《玻璃幕墙工程技术规范》JGJ 102—2003 中表 9.5.2 和表 9.5.3 的规定。

（5）隔热条不应承担玻璃自重。

（6）玻璃与托条之间应采用硬橡胶垫块衬托，垫块数量应为 2 个，厚度不应小于 5mm，每块长度不应小于 100mm。

2. 隐框、半隐框玻璃幕墙

隐框、半隐框玻璃幕墙节点图如图 3-2、图 3-3 所示。

设计要点：

（1）玻璃与铝型材粘结必须采用中性硅酮结构密封胶。

（2）硅酮结构胶宽度不应小于 7mm，厚度不应小于 6mm 且不应大于

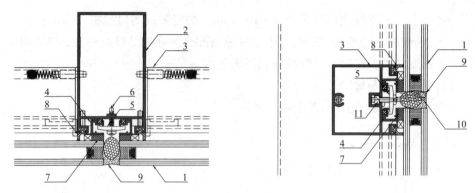

图 3-2　隐框玻璃幕墙节点图

1—玻璃；2—立柱；3—横梁；4—玻璃附框；5—压块；6—不锈钢紧固件；7—硅酮结构密封胶；

8—三元乙丙胶条；9—硅酮建筑密封胶；10—玻璃托条；11—不锈钢螺栓组件

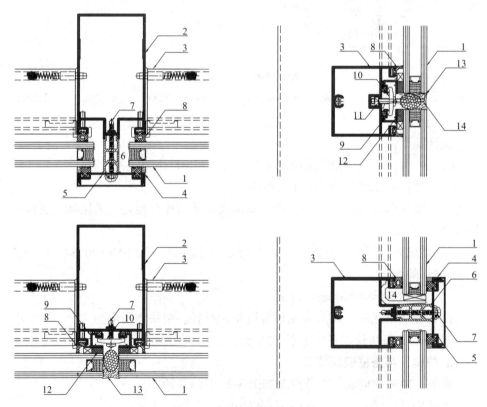

图 3-3　半隐框玻璃幕墙节点图

1—玻璃；2—立柱；3—横梁；4—扣盖；5—压板；6—隔热条；7—不锈钢紧固螺栓组件；8—三元乙丙胶条；

9—玻璃附框；10—压块；11—不锈钢螺栓组件；12—硅酮结构密封胶；13—硅酮建筑密封胶；14—玻璃托条

12mm，宽度宜大于厚度，但不宜大于厚度的 2 倍。

（3）同一工程应采用同一品牌的硅酮结构密封胶和硅酮建筑密封胶配套使用，中性硅酮结构密封胶的设计使用年限不宜低于 25 年。

（4）铝型材与结构胶粘结处表面应采用阳极氧化或铬化处理，当采用氟碳喷涂处理时，应先涂一层专用底漆。

（5）粘结板块的硅酮结构胶不应长期处于单独受力状态，中空玻璃的二道密封应采用硅酮结构密封胶。

（6）中空玻璃合片结构胶的位置应与附框粘结的结构胶重合，当采用大小片构造时应当确保一对边位置的结构胶重合，中空玻璃的二道密封应采用硅酮结构密封胶。

（7）固定玻璃压板的螺钉间距宜不小于 300mm。

（8）每块玻璃的下端宜设置玻璃托条，托条应能承受玻璃的重力荷载作用，且长度不应小于 100mm，厚度不应小于 2mm，高度不应超出玻璃外表面。托条上应设置衬垫。

（9）出入口的上方不应采用隐框幕墙，大于 100m 以上的建筑不宜采用隐框幕墙，外倾斜、倒挂的幕墙不得采用隐框幕墙。

（10）连接玻璃附框的结构胶及中空玻璃合片胶应经计算并在图纸中注明尺寸。

（11）由于板块过大，硅酮结构胶采用高强结构胶时，应组织专项论证后方可使用。

（二）单元式玻璃幕墙

单元式玻璃幕墙是指由面板与支承框架在工厂制成的不小于一个楼层高度的幕墙结构基本单位，直接安装在主体结构上组合而成的框支承建筑玻璃幕墙（图 3-4）。

设计要点：

（1）单元幕墙的组件对插部位以及幕墙开启部位按雨幕原理进行构造设计，对可能渗入雨水和形成冷凝水的部位，应采取导排构造措施。

（2）合理设计型材端面及型材咬合位置，尽量将水密线与气密线分离，保证等压腔发挥作用。

（3）单元部位之间应有适量的搭接长度。立柱的搭接长度应不小于 10mm，顶、底横梁的搭接长度应不小于 15mm，且能协调温度、主体结构层间变形及地震作用下的位移。

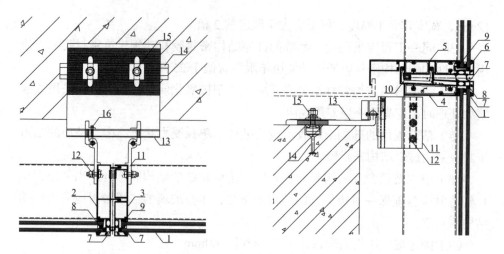

图 3-4 单元式玻璃幕墙节点图

1—玻璃；2—公立柱；3—母立柱；4—上横梁；5—下横梁；6—扣盖；7—三元乙丙胶条；8—硅酮建筑密封胶；9—硅酮结构密封胶；10—插芯；11—铝挂件系统；12—挂轴；13—铝支座系统；14—槽式埋件；15—T形螺栓；16—限位螺钉

（4）单元板块间的过桥型材长度宜不小于 250mm。过桥型材宜设置成一端铰接固定，另一端可滑动的连接形式，并应密封处理。

（5）单元板块与主体结构锚固连接的组件应三维可调，三个方向的调节量均不小于 20mm。

（6）单元挂件应一边固定一边自由伸缩以满足结构、温度等原因引起的变形要求。

（7）在十字接缝处做好水密线与气密线的封闭措施。

（8）胶条设计时应根据不同功能的胶条确定合适的压缩比和硬度，避免过硬，失去变形空间，过软，接触缝隙太大，达不到气密性要求。

（9）横梁与立柱连接端头应涂抹密封胶，连接立柱与横梁的自攻螺钉数量与大小应经过计算，并带胶连接横梁与立柱。

（10）埋板的大小在设计时应考虑幕墙的结构形式的需要。如：同样跨度及分格宽度的单元块板，在埋件为上埋式和侧埋式不同的前提下，埋件大小会有很大区别。

（三）肋支承玻璃幕墙

肋支承玻璃幕墙是指肋板及其支承的面板均为玻璃的幕墙。肋支承玻璃幕墙分为坐地玻璃肋支承玻璃幕墙、吊挂玻璃肋支承玻璃幕墙（图 3-5）。

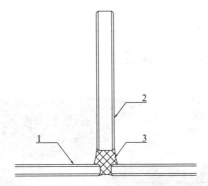

图3-5 坐地、吊挂玻璃肋支承玻璃幕墙节点图

1—玻璃面板；2—玻璃肋；3—硅酮结构密封胶

设计要点：

（1）下端支承全玻幕墙的最大高度应符合《玻璃幕墙工程技术规范》JGJ 102—2003中表7.1.1的规定（表3-1）；玻璃高度大于表3-1限值的全玻幕墙应悬挂在主体结构上。

下端支承全玻幕墙的最大高度			表3-1
玻璃厚度（mm）	10、12	15	19
最大高度（m）	4	5	6

（2）面板玻璃的厚度不宜小于10mm，夹层玻璃单片的厚度不宜小于8mm。

（3）玻璃肋的厚度不应小于12mm，断面不应小于100mm。

（4）全玻幕墙的板面不得与其他刚性材料直接接触。板面与装修面或结构面之间的空隙不应小于8mm，且应采用密封胶密封。

（5）周边收口槽壁与玻璃面板或玻璃肋的空隙均不宜小于8mm，吊挂玻璃下端与下槽底的空隙应满足玻璃伸长变形的要求，玻璃与下槽底应采用垫块，垫块长度不宜小于100mm，厚度不宜小于10mm，玻璃肋槽口后端应进行封堵。

（6）采用胶缝传力的全玻幕墙，其胶缝必须采用硅酮结构密封胶；当被连接的玻璃不是镀膜玻璃或夹层玻璃时，可采用酸性硅酮结构密封胶，否则应采用中性硅酮结构密封胶。

（7）吊挂玻璃肋支承玻璃幕墙的吊夹与主体结构间应设置刚性水平传力结构。

（8）吊挂玻璃肋支承玻璃幕墙的上部吊夹应符合现行行业标准《吊挂式玻璃幕墙用吊夹》JG/T 139—2017的有关规定。

（四）无肋全玻幕墙

无肋全玻幕墙节点如图 3-6 所示。

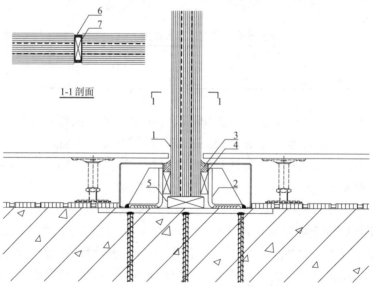

图 3-6 无肋全玻幕墙节点图

1—夹层玻璃；2—玻璃槽；3—耐候胶；4—侧面硬橡胶垫块；5—底部硬质垫块；6—硅酮结构密封胶；7—尼龙垫块

设计要点：

（1）玻璃面板的自重全部由其玻璃底部的支承垫块承载。

（2）玻璃与下槽底应采用弹性垫块支承，垫块长度不宜小于100mm，厚度不宜小于10mm。

（3）全玻周边收口槽壁与玻璃的空隙均不宜小于8mm。

（4）全玻幕墙的板面不得与其他刚性材料直接接触。

（5）面板玻璃的厚度不宜小于10mm，夹层玻璃单片厚度不应小于8mm。

（五）U形玻璃幕墙

U形玻璃墙节点图如图3-7所示。

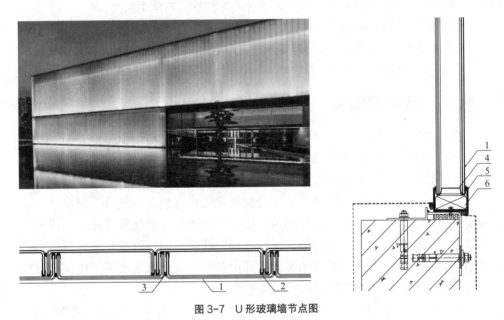

图3-7 U形玻璃墙节点图

1—U形玻璃；2—专用缓冲胶条；3—硅酮建筑密封胶；4—PVC缓冲垫；5—边框；6—垫块

设计要点：

（1）用于建筑外围护结构的U形玻璃，其外观质量应符合现行行业标准《建筑用U形玻璃》JC/T 867—2000优等品的规定，且应进行钢化处理。

（2）对U形玻璃墙体有热工或隔声性能要求时，应采用双排U形玻璃构造，可在双排U形玻璃之间设置保温材料。双排U形玻璃可以采用对缝布置，也可采用错缝布置。

（3）采用U形玻璃构造曲形墙体时，对底宽260mm的U形玻璃，墙体的半径不应小于2000mm；对底宽330mm的U形玻璃，墙体的半径不应小于

3200mm；对底宽 500mm 的 U 形玻璃，墙体的半径不应小于 7500m。

（4）当 U 形玻璃墙高度超过 4.5m 时，应考虑其结构稳定性，并应采取相应措施。

（5）U 形玻璃强度设计值 f_a 应取 17MPa，钢化 U 形玻璃强度设计值 f_a 应取 51MPa。

（6）在风荷载标准值作用下，U 形玻璃的挠度 μ 应符合 $\mu \leqslant L/150$。

（7）U 形玻璃墙四周结构框体可采用铝型材或钢型材，并应与主体结构可靠固定。

（8）U 形玻璃下端应各自独立支撑在均匀弹性的衬垫上。

（9）U 形玻璃与周边的金属件、混凝土和砌体之间不应硬性接触。

（10）在 U 形玻璃的上端与建筑构件之间应留有不小于 25mm 缝隙。

（11）U 形玻璃之间和 U 形玻璃墙周边应采用弹性密封材料密封。

（六）点支承玻璃幕墙

点支承玻璃幕墙是指由玻璃面板、点支承装置和支承结构构成的建筑幕墙。点支承玻璃幕墙的玻璃仅通过几个点连接到支撑结构上，几乎无遮挡，视野达到最大，将玻璃的透明性应用到极限好。

点支承玻璃幕墙的设计是一个综合性极强的设计整合，是将建筑设计、结构设计、机械设计、功能设计等融为一体的设计过程。在建筑设计中，建筑师对其所设计的建筑物的立面效果、结构布局、建筑空间、周边环境、使用功能等结合建筑美学观念进行整体的策划，并由各专业设计师来实现，建筑师可以充分用点支承玻璃幕墙的形式来实现其艺术效果。

点支承玻璃幕墙分为钢结构点支承玻璃幕墙、拉杆结构点支承玻璃幕墙、拉索结构点支承玻璃幕墙、单索结构点支承玻璃幕墙（图 3-8、图 3-9）。

设计要点：

（1）点支承玻璃幕墙的面板玻璃应采用钢化玻璃。

（2）玻璃面板支承孔边与板边的距离不宜小于 70mm。

（3）点支承玻璃支承孔周边应进行可靠的密封。当点支承玻璃为中空玻璃时，其支承孔周边应采用多道密封措施。

（4）采用浮头式连接件的幕墙玻璃厚度不应小于 6mm；采用沉头式连接件的幕墙玻璃厚度不应小于 8mm。安装连接件的夹层玻璃、中空玻璃，其单片厚度也应符合上述要求。

（5）在风荷载标准作用下，点支承玻璃面板的挠度限值 $d_{f, lim}$ 宜按其支承点

图 3-8 国家大剧院

图 3-9 巴黎卢浮宫玻璃金字塔

间长边边长的 1/60 采用。

（6）玻璃之间的空隙宽度不应小于 10mm，且应采用硅酮建筑密封胶嵌缝。

（7）支承头应能适应玻璃面板在支承点处的转动变形。

（8）支承头的钢材与玻璃之间宜设置弹性材料的衬垫或衬套，其厚度不宜小于 1mm。

1. 钢结构点支承玻璃幕墙

钢结构点支承玻璃幕墙节点图如图 3-10 所示。

设计要点：

（1）端部与主体结构的连接构造应能适应主体结构的位移。

（2）受压杆件的长细比 λ 不应大于 150。

（3）在风荷载标准值作用下，其挠度限值 $d_{f,lim}$ 宜取其跨度的 1/250。计算时，

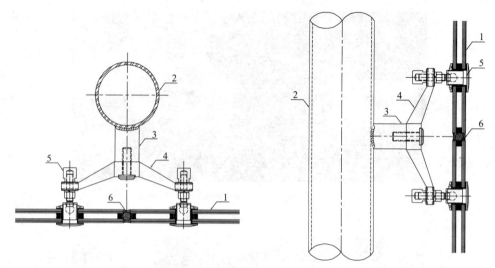

图 3-10　钢结构点支承玻璃幕墙节点图

1—玻璃；2—钢立柱；3—母座；4—驳接爪；5—驳接头；6—硅酮建筑密封胶

悬臂结构的跨度可取其悬挑长度的 2 倍。

（4）钢管的外直径不宜大于壁厚的 50 倍，支管外直径不宜小于主管外直径的 0.3 倍。钢管壁厚不宜小于 4mm，主管壁厚不应小于支管壁厚。

（5）桁架杆件不宜偏心连接。弦杆与腹件、腹件与腹杆之间的夹角不宜小于 30°。

2. 拉索、拉杆结构点支承幕墙

拉索、拉杆体系应用广泛，拉索、拉杆结构是一种柔性的张拉结构，只能承受拉力，不能承受压力和弯矩。其结构特点为：需要合适的预拉力；双层型材承载、稳定体系；适当布置平面外的稳定杆或稳定索，幕墙转角部位要采取抗扭结构措施。通常拉杆、拉索组件和撑杆组件组合使用与主体结构体系相连接形成玻璃幕墙的支承体系（图 3-11 ~ 图 3-14）。

设计要点：

（1）应在正、反两个方向上形成承受风荷载或地震作用的稳定结构体系。在主要受力方向的正交方向，必要时应设置稳定性拉杆、拉索或桁架。

（2）连接杆、受压杆和拉杆宜采用不锈钢材料，拉杆直径不宜小于 10mm；自平衡体系的受压杆件可采用碳素结构钢。拉杆宜采用不锈钢绞线、高强钢绞线，也可采用铝包钢绞线。钢绞线的钢丝直径不宜小于 1.2mm，钢绞线直径不宜小于 8mm。采用高强钢绞线时，其表面应做防腐涂层。

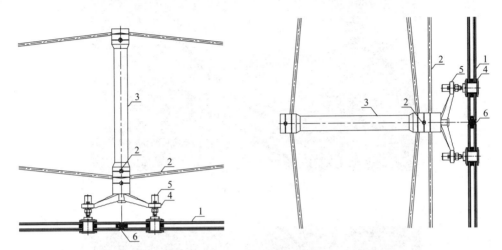

图 3-11 拉索点支承玻璃幕墙节点图

1—玻璃；2—不锈钢拉索；3—支撑杆；4—驳接爪；5—驳接头；6—硅酮建筑密封胶

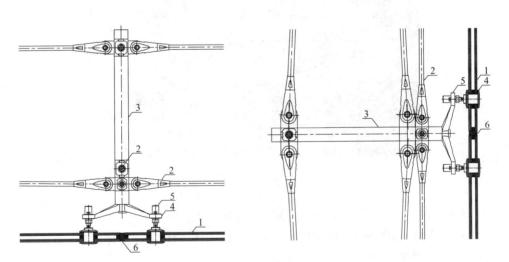

图 3-12 拉杆点支承玻璃幕墙节点图

1—玻璃；2—不锈钢拉杆；3—支撑杆；4—驳接爪；5—驳接头；6—硅酮建筑密封胶

图 3-13　拉杆图片

图 3-14　拉索图片

（3）结构力学分析时宜考虑几何非线性的影响。

（4）与主体结构的连接部位应能适应主体结构的位移，主体结构应能承受拉杆体系或拉索体系的预拉力和荷载作用。

（5）自平衡体系、索杆体系的受压杆件的长细比 λ 不应大于 150。

（6）拉索、拉杆不宜采用焊接；拉索可采用冷挤压锚具连接。

（7）在风荷载标准值作用下，其挠度限值 $d_{f,lim}$ 宜取其支承点距离的 1/200。

（8）张拉索杆体系的预拉力最小值，应使拉杆或拉索在荷载设计值作用下保持一定的预拉力储备。

3. 单层索网点支承玻璃幕墙

单层索网点支承玻璃幕墙是指采用单层平面索网或单层曲面索网为支撑结构的点支承玻璃幕墙。索网结构分为双索和单索两种形式。单索点支承玻璃幕墙节点示意见图 3-15。

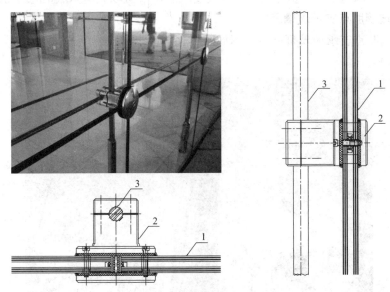

图 3-15　单索点支承玻璃幕墙节点示意图

1—玻璃面板；2—玻璃家具；3—不锈钢拉索

设计要点：

（1）平面幕墙和透光屋面宜采用双向布索的单层索网，多跨索网可以连续布索以减少固定连接件数目。

（2）拉索的间距不宜大于 2m。双向布索时，索网网格宜接近正方形，网格面积不宜大于 3.5m^2。

（3）幕墙自重一般由竖向拉索承受，而幕墙玻璃面板应悬挂于拉索外侧，以尽量减少自重对单层索网结构产生的次应力，所以在构造上竖向拉索尽量靠近玻璃面板。

（4）当单索跨度较大时，宜考虑在单直索中间设置支承点，以改善单直索的挠度变形和体系的跨度，从而明显减少拉索直径和作用于主体结构上的拉力。

（5）控制对索网施加的预拉力，能够使结构具有足够的刚度，保证幕墙在自重、风荷载和地震荷载作用下不发生较大的变形，同时也避免索网在各种荷载作用下内力过大而超过容许值。

（6）设计时要考虑温差对拉索线应变的影响。

（7）索张拉需要施加较大的预应力。

（8）要考虑建筑结构是否能承受索的拉力，如果不能承受，应外加钢结构。

（9）在风荷载标准值作用下，其挠度限值 $d_{f,lim}$ 宜取其支承点距离的 1/60。

4. 玻璃肋点支承玻璃幕墙

玻璃肋点支承玻璃幕墙节点图如图 3-16 所示。

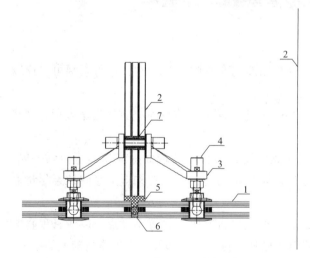

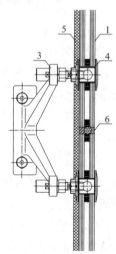

图 3-16　玻璃肋点支承玻璃幕墙节点图

1—玻璃面板；2—玻璃肋；3—驳接爪；4—驳接头；5—硅酮结构密封胶；6—硅酮建筑密封胶；7—套管＋环氧树脂胶

设计要点：

（1）玻璃肋点支承玻璃幕墙的玻璃面板应采用钢化玻璃。

（2）玻璃肋应采用钢化夹层玻璃。

（3）玻璃面板支承孔边与板边的距离不宜小于70mm；孔周边应进行可靠的密封。

（4）采用浮头式连接件的幕墙玻璃厚度不应小于6mm；采用沉头式连接件的幕墙玻璃厚度不应小于8mm。安装连接件的夹层玻璃、中空玻璃，其单片厚度也应符合上述要求。

（5）玻璃之间的空隙宽度不应小于10mm，且应采用硅酮建筑密封胶嵌缝。

（6）支承头应能适应玻璃面板在支承点处的转动变形。

（7）支承头的钢材与玻璃之间宜设置弹性材料的衬垫或衬套，其厚度不宜小于1mm。

（8）除承受玻璃面板所传递的荷载或作用外，支承装置不应兼做其他用途。

二、金属板幕墙

金属板幕墙是面板材料为金属板的建筑幕墙。金属板幕墙分为铝板幕墙、铜合金板幕墙、不锈钢板幕墙、搪瓷钢板幕墙等。金属面板可采用金属平板、弧形金属板、压型金属板、异型金属板等板材形式。金属板幕墙具有重量轻、强度高、板面平滑、富有金属光泽、可塑性强、加工工艺简单等特点，被广泛地应用于各种建筑外墙中（图3-17）。

设计要点：

（1）金属板幕墙的面板与支承结构连接时，应采取措施避免双金属接触腐蚀。

（2）根据防腐、装饰及建筑物的耐久年限的要求，对铝合金板材（单层铝板、铝塑复合板、蜂窝铝板）表面进行氟碳树脂处理时，氟碳树脂含量不应低于75%；海边及严重酸雨地区，可采用三道或四道氟碳树脂涂层，其厚度应大于40μm；其他地区，可采用两道氟碳树脂涂层，其厚度应大于25μm。

（3）幕墙铝合金面板基材优先选用防锈铝板3×××系列或5×××系列，单层铝板材料性能执行标准应符合《铝幕墙板 第1部分：板基》YS/T 429.1—2014的要求，滚涂用的铝卷材材料性能应符合《铝及铝合金彩色涂层板、带材》YS/T 431—2009的要求，铝塑复合板用铝带应符合《铝塑复合板用铝带》YS/T 432—2000的要求。

（4）幕墙用保温材料可与金属板结合在一起，但是应与主体结构外表面有50mm以上的空气层。

图 3-17 诸暨市规划展示馆、科技馆穿孔铝板外立面

（一）铝板幕墙

铝板幕墙节点图如图 3-18 所示。

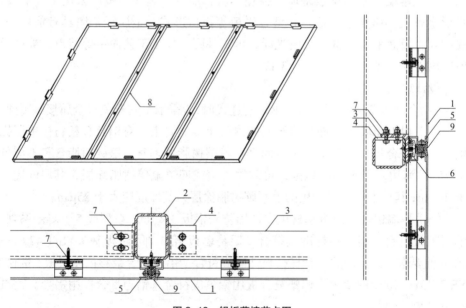

图 3-18 铝板幕墙节点图

1—铝板；2—立柱；3—横梁；4—连接角钢；5—铝合金连接件；6—铝合金压块；

7—紧固件；8—铝合金加筋肋；9—硅酮建筑密封胶

设计要点：

（1）铝板幕墙的表面宜采用氟碳喷涂处理。单层铝板执行标准应符合《铝幕墙板 第2部分：有机聚合物喷涂铝单板》YS/T 429.2—2012 的要求。

（2）幕墙用单层铝板厚度不应小于 2.5mm。

（3）单层铝板在制作构件时，应四周折边，折边成型板折弯加工时，外圆弧半径不应小于板厚的 1.5 倍，开口处应用密封胶密封。

（4）面板应按需要设置加劲肋，铝合金型材加劲肋壁厚应不小于 2.5mm，且不小于面板厚度。钢型材加劲肋壁厚应不小于 2.0mm。

（5）加劲板肋与面板的连接可采用螺接（电栓焊）、结构胶粘结或 3M 胶带，采用电栓焊固定螺栓时，要确保铝板外表面不变形、不褪色，保证固定牢固，加劲肋要和折边可靠连接。

（6）2mm 及以下厚度的单层铝板幕墙其内置加强框架与面板的连接，不应用焊钉连接结构。

（7）铝板宜采用折边、设置固定的耳攀为连接件，并在支承的框架构件上分别沿周边螺钉连接牢固，其连接螺钉的数量应经强度计算确定，且连接螺钉直径应不小于 4.0mm。

（8）横梁和立柱连接，通过镀锌钢角码一端和立柱焊接，另一端和横梁螺接。

（二）铜合金板幕墙

铜合金板幕墙是以铜和铜合金板为面板的金属板幕墙。迄今为止，铜作为建筑构件早已得到广泛的应用。铜耐大气腐蚀，并逐渐自然风化而演变成高雅的古铜绿色，也可以着色处理成各种诱人的色泽。用铜板做屋顶具有强度高、美观、耐用、防火、省维护、易成复杂形状、好安装、可回收等一系列优点。不但在古建筑上，而且在许多现代的公用建筑、商业大厦以及住宅楼房上的应用也越来越多（图 3-19）。

设计要点：

（1）铜合金板材料性能执行标准应符合《铜及铜合金板材》GB/T 2040—2017 的要求。宜选用 TU1、TU2 牌号的无氧铜。

（2）单层铜板厚度应不小于 2.0mm。

（3）铜板外侧表面需经氧化处理，再刷氟碳清漆，提高幕墙的防紫外线及防酸碱性能。

（4）铜板是一种高稳定、低维护的屋面和幕墙材料，环保、使用安全、易于加工并极具抗腐蚀性。

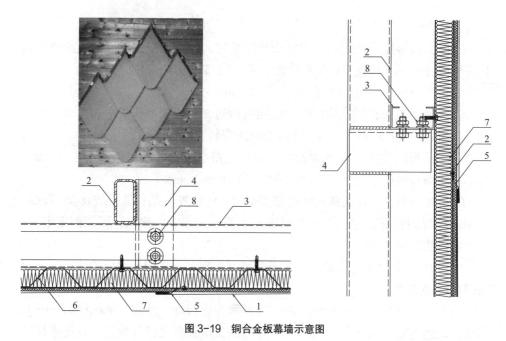

图 3-19　铜合金板幕墙示意图

1—铜板；2—立柱；3—檩条；4—连接角码；5—固定片；6—压型钢板；7—保温棉；8—不锈钢螺栓组

（5）铜板具有极佳的加工适应性和强度，适用于平锁扣式系统、立边咬合系统、贝姆系统、单元墙体板块、雨排水系统等各种工艺和系统。适用于这些系统所需的弯弧、梯形、转角等各种加工要求。

（6）铜板的屈服强度和延伸率成反比，经加工折弯的铜板硬度增加极高，但可通过热处理降低。

（7）稳定的保护层，使铜板的使用寿命超过 100 年。

三、金属复合板幕墙

金属复合板幕墙是面板材料（饰面层和背衬层）为金属板材并与芯层非金属材料（或金属材料）经复合工艺制成的复合板幕墙。

（一）铝塑复合板幕墙

铝塑复合板幕墙节点示意图如图 3-20 所示。

设计要点：

（1）铝塑复合板的上下两层铝合金板的厚度均应为 0.5mm，铝合金板与夹

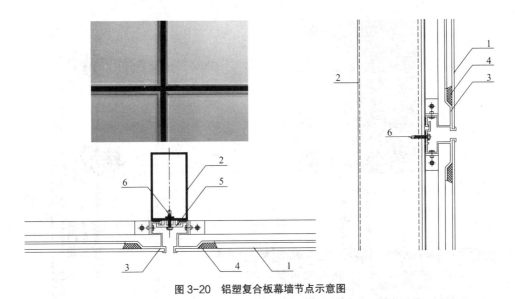

图 3-20 铝塑复合板幕墙节点示意图

1—铝塑复合板；2—铝合金立柱；3—主框架铝型材；4—硅酮结构密封胶；5—铝合金压块；6—紧固件

心层的剥离强度标准值应大于 7N/mm。

（2）铝塑复合板执行标准应符合《建筑幕墙用铝塑复合板》GB/T 17748—2016 的幕墙用铝塑板部分规定的技术要求。

（3）采用铝塑复合板幕墙时，铝塑复合板开槽和折边部位的塑料芯板应保留的厚度不得少于 0.3mm。铝塑复合板切边部位不得直接处于外墙面。

（4）设置加劲肋，肋与板的连接可采用螺接（电栓焊）、结构胶粘结或 3M 胶带，采用电栓焊固定螺栓时，要确保铝板外表面不变形、不褪色，保证固定牢固，加劲肋要和折边可靠连接。

（5）铝塑板在折边施工时，应在折边处开槽，根据折边要求，一般可开 V 形槽、U 形槽等。

（6）由于一般铝塑板表面的漆膜是用滚涂工艺生产的，涂层的颜色可能有一定方向性（特别是金属色），从不同的角度观察，铝塑板的感观颜色可能会有一定差异，为避免这种差异，铝塑板应按同一生产方向安装。

（7）铝塑板表面为氟碳预辊涂处理，燃烧性能等级为 A 级，但建筑高度不大于 50m 时，可采用 B1 级材料。

（二）蜂窝铝板幕墙

蜂窝铝板幕墙示意图如图 3-21 所示。

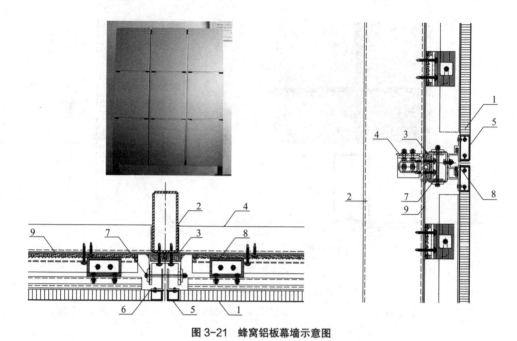

图 3-21　蜂窝铝板幕墙示意图

1—蜂窝铝板；2—立柱；3—铝合金型材；4—横梁；5—铝合金副框；6—铝合金挂耳；7—挂；8—铝合金挂件；9—单层铝板

设计要点：

（1）蜂窝铝板材料性能执行标准应符合《铝蜂窝夹层结构通用规范》GJB 1719—1993 的要求，铝蜂窝芯材用胶粘剂应符合《铝蜂窝芯材用胶粘剂规范》HB/T 7062—1994 的要求。

（2）蜂窝铝板的厚度不应小于 10mm，面层板厚度应不小于 1mm，其背层厚度为 0.5～0.8mm，当铝蜂窝板厚度大于 10mm 时，其正背面铝合金板厚度均应为 1mm。并采用四周自然折边或镶框，蜂窝不应外露。

（3）安装在转角处板边外露的蜂窝板应封边处理。

（4）要使用性能好的胶，蜂窝芯一定要带有孔的，这样可以避免热胀冷缩造成鼓包。

（5）角片距蜂窝铝板角部距离小于 100mm，角片间距 500mm，角片安装平直。

（6）蜂窝铝板内外清洁，特别死角位置要擦净。

（7）如果蜂窝铝板为双曲面，针对安装过程中由于框架存在偏差而导致的角片与框架进出存在较大间隙的情况，要求钉杆不能悬空安装，必须用尼龙垫将间隙填充后用自攻自钻钉紧固，同时要保证自攻自钻钉有效长度，如不能保证，对框架调整到满足要求。

四、石材幕墙

以石材建筑板材为面板的幕墙叫石材幕墙。石材幕墙分为天然石材幕墙、人造石材幕墙。石材单元板块可拆卸，便于维修。密封胶、结构胶要用防污染的石材专用胶，推荐使用石材表面保护液，降低吸水率及核辐射，保持石材表面清晰度。石材幕墙是建筑的外围护结构，应具有建筑艺术性、安全耐久性、稳定性、结构先进性、经济合理性。

花岗石石材幕墙：

设计要点：

（1）抛光板厚度不应小于 25mm，且不得有负公差，火烧板的厚度应比抛光板厚 3mm。

（2）石材幕墙中的单块石材板面面积不宜大于 1.5m²。

（3）石材的吸水率应小于 0.6%。

（4）花岗石板材的弯曲强度应经法定检测机构检测确定；其弯曲强度不应小于 8.0MPa。

（5）在严寒和寒冷地区，幕墙用石材面板的抗冻系数不应小于 0.8。

（6）石材幕墙的面板宜采用便于各板块独立安装和拆卸的支承固定系统，不宜采用 T 形挂件。

（7）石材表面宜做六面防护处理。宜在石材板块加工完毕后进行表面处理，表面应清洁、干燥。防护处理宜进行双道防护。第一道为涂刷两遍渗透型防护剂，第二道为涂刷两遍成膜型防护剂。防护剂宜为中性防护产品。

（8）阳角拼接时，抛光板可采用 90° 直角拼接，但石材外露侧面需进行抛光处理，石材内侧面需磨边处理，火烧板宜用 45° 拼接，如图 3-22 所示。

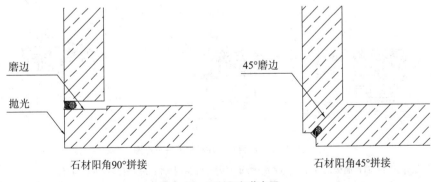

石材阳角90°拼接　　　　　　石材阳角45°拼接

图 3-22　石材阳角节点图

（9）当石材的转角采用铝合金型材专用件组装时，铝合金型材壁厚不应小于 4.5mm，连接部位的壁厚不应小于 5mm。

（10）立柱与横梁当采用机械连接时，保证一端滑动连接。

（11）石材胶缝应采用石材专用防污染胶，污染深度不大于 2mm。

（12）主龙骨的壁厚应满足《金属与石材幕墙工程技术规范》JGJ 133—2001 的要求。

（13）倒挂石材板应在板材背面粘贴玻璃纤维布或者其他复合材料。

（14）压顶板或窗台板等顶板需设置防水坡度；吊顶板需设置滴水线。

（15）石材底部收口与回填土接触时，应采用 1.5mm 厚镀锌钢板封堵。

（16）石材幕墙与基层墙体、窗间墙、窗槛墙及裙墙之间的空间，应在每层楼板处采用防火封堵材料封堵。

（一）组合式挂件石材幕墙

组合式挂件石材幕墙节点图如图 3-23 所示。

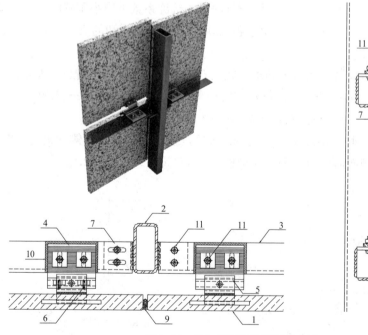

图 3-23 组合式挂件石材幕墙节点图

1—石材面板；2—立柱；3—横梁；4—转接件；5—挂件；6—限位块；7—连接件；

8—石材干挂胶；9—硅酮建筑密封胶；10—防腐垫片；11—不锈钢紧固件；12—调节螺栓

设计要点：

（1）不锈钢挂件的厚度不应小于 3.0mm，铝合金挂件的厚度不应小于 4.0mm。

（2）每块石板上下边各应开两个短平槽，短平槽的长度不应小于 100mm；两短槽边距离石板两端部的距离不应小于石板厚度的 3 倍且不应小于 85mm，也不应大于 180mm，弧形槽的有效长度不应小于 80mm。

（3）槽宽宜为 6mm 或 7mm，在有效长度内槽深度不宜小于 15mm。

（4）石材板块下的挂件应设置调节螺钉（栓）。

（5）金属挂件与石材件粘结固定材料宜选用干挂石材用环氧胶粘剂，不应使用不饱和聚氨酯类胶粘剂。

（二）背栓挂件石材幕墙

背栓挂件石材幕墙节点图如图 3-24 所示。

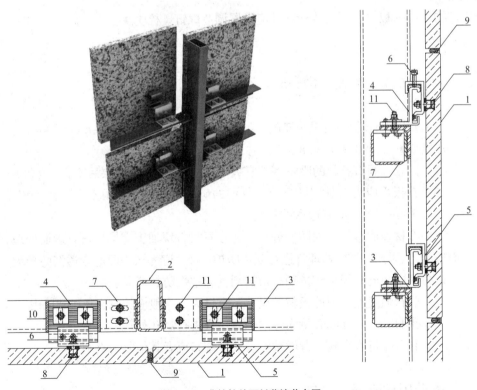

图 3-24 背栓挂件石材幕墙节点图

1—石材面板；2—立柱；3—横梁；4—转接件；5—挂件；6—调节螺栓带限位；

7—连接件；8—不锈钢背栓；9—硅酮建筑密封胶；10—防腐垫片；11—不锈钢紧固件

设计要点：

（1）石材幕墙高度 100m 以上，应采用背栓式连接系统。

（2）100m 以上的花岗石板材其弯曲强度不宜小于 10MPa；其抛光板厚度不宜小于 30mm。

（3）每块板材背栓数量不宜少于 4 个。

（4）背栓材质不宜低于组别为 A4 的奥氏体型不锈钢。背栓直径不宜小于 6mm，不应小于 4mm。

（5）背栓的中心线与石材面板边缘的距离不宜大于 300mm，也不宜小于 50mm；背栓与背栓孔间宜采用尼龙等间隔材料，防止硬性接触；背栓之间的距离不宜大于 1200mm，背栓距离板块边缘的距离 b 以及板块边长 L 应符合 $L/5 \leq b \leq L/4$。

（6）面积较小的石材面板，当采用单点或两点背部连接时，应采取附加的固定措施。

（7）石材板块上面的背栓挂件应设置调节螺钉（栓）。

（三）洞石、砂岩幕墙

砂岩幕墙节点图如图 3-25 所示。

设计要点：

（1）砂岩、洞石板材的最小厚度可由抗弯强度标准值 f_k 来决定：$f_k \geq 8.0$MPa 时，最小厚度 35mm；$4.0 \leq f_k < 8.0$MPa 时，最小厚度 40mm。

（2）砂岩、洞石石材的吸水率不宜大于 5%，加涂防水面层后不宜大于 1%。

（3）石板不应夹杂软弱的条纹和软弱的矿脉。洞石的孔洞不宜过密，直径不宜大于 3mm，更不应有通透的孔洞。

（4）石材表面宜做六面防护处理。宜在石材板块加工完毕后进行表面处理，表面应清洁、干燥。防护处理宜进行双道防护。第一道为涂刷两遍渗透型防护剂，第二道为涂刷两遍成膜型防护剂。防护剂宜为中性防护产品。

（5）洞石强度低，因此板材的尺寸不宜过大，一般应控制在 1.0m² 以内。

（6）孔洞较大、孔洞数量太多的洞石，宜进行封孔处理。

（7）洞石石材应在板材背面粘贴玻璃纤维布或者其他复合材料。

五、人造板材幕墙

人造板材幕墙是面板材料采用人造材料或天然材料与人造材料复合制成的

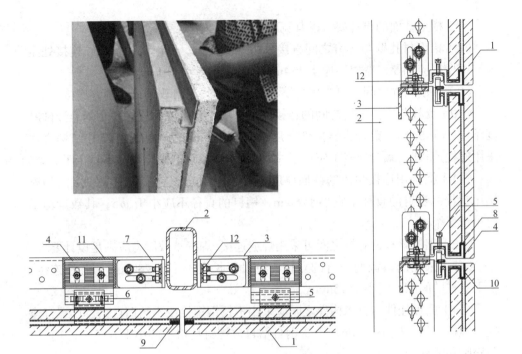

图 3-25 砂岩幕墙节点图

1—砂岩面板；2—打孔立柱；3—打孔横梁；4—铝合金挂件组；5—调节螺栓；6—限位块；7—连接件；

8—铝合金槽（通长）；9—铝片（通长）；10—石材干挂胶；11—防腐垫片；12—不锈钢紧固件

人造外墙板幕墙。人造板材幕墙分为瓷板幕墙、陶板幕墙、微晶玻璃幕墙、石材蜂窝板幕墙、GRC 幕墙、PC 幕墙等。

设计要点：

（1）人造板幕墙的应用高度不宜大于 100m。

（2）注胶封闭式幕墙的胶缝宽度不宜小于 6mm，厚度不宜小于 6mm；开缝式幕墙的板缝宽度不宜小于 6mm。

（3）处于人员流动密度大或青少年、幼儿活动等场所，容易发生物体和人体冲击的脆性材料人造板材幕墙，应有防撞措施。

（4）脆性材料人造板材幕墙面板，宜采取偶然破裂后的安全保障措施。

（5）立柱截面主要受力部位的厚度规定如下：热轧钢型材厚度不应小于 3.0mm，冷成型薄壁型钢厚度不应小于 2.5mm，铝合金型材开口部位厚度不应小于 3.0mm，闭口部位厚度不应小于 2.5mm。

（6）横梁截面主要受力部位的厚度规定如下：热轧钢型材厚度不应小于 2.5mm，冷成型薄壁型钢厚度不应小于 2.0mm，铝合金型材厚度不应小于 2.0mm。

（7）横梁截面的设计要考虑其宽厚比。

（8）铝型材孔壁与螺钉之间直接采用螺纹受拉、压连接时，螺纹连接处型材局部壁厚应加厚，壁厚不应小于 4mm，宽度不应小于 13mm。

（9）幕墙构件之间，可采用焊缝、螺栓、螺钉、自攻螺钉或销钉连接。

（10）立柱与主体结构之间的连接件可采用铝合金或钢连接件，钢连接件厚度不应小于 5mm，铝合金连接件厚度不应小于 6mm。连接件与立柱结构之间采用螺栓连接时，螺栓规格不应小于 M10，每个连接点的螺栓数量不宜少于 2 个。

（11）横梁用连接角码的截面厚度不宜小于 3mm，连接件与立柱之间的连接用螺栓、螺钉的直径不宜小于 6mm，销钉的直径不应小于 $\phi5$，其数量均不得小于 2 个。

（12）钢横梁和钢立柱之间可采用焊缝连接，焊缝承载能力应满足设计要求。

（13）采用闭口截面型材的立柱，可设置长度不小于 250mm 的芯柱连接。上下立柱的间隙不宜小于 15mm。

（14）面板挂件与支承构件之间应采用不锈钢螺栓或不锈钢自钻自攻螺钉连接。螺栓规格不应小于 M6，不锈钢自钻自攻螺钉规格不应小于 ST5.5，并采用防松脱和滑移措施。

（15）背栓其组别和性能等级不宜低于 A4 奥氏体不锈钢，其直径不宜小于 6mm，不应小于 4mm。

（一）瓷板幕墙

瓷板幕墙节点图如图 3-26 所示。

设计要点：

（1）幕墙用瓷板应符合现行行业标准《建筑幕墙用瓷板》JG/T 217—2007 的规定。

（2）瓷板幕墙采用背栓式连接方式时，面板厚度不应小于 12mm；采用其他连接方式时，面板厚度不小于 13mm，单片面积不宜大于 $1.5m^2$。

（3）瓷板吸水率 ≤ 0.5%，平均断裂模数 ≥ 30MPa，湿胀系数 ≤ 1.6%，饰面瓷板与背槽件连接破坏拉拔力 ≥ 1.75kN。

（4）宜采用只承受一块面板自重荷载的挂件。

（5）瓷板短挂件用不锈钢材料和铝合金型材的截面厚度均不宜小于 2.0mm，短挂件长度不宜小于 50mm；通长挂件用不锈钢材料和铝合金型材的截面厚度均不宜小于 1.5mm。

（6）短挂件外侧与面板边缘的距离不宜小于板厚的 3 倍，且不宜小于

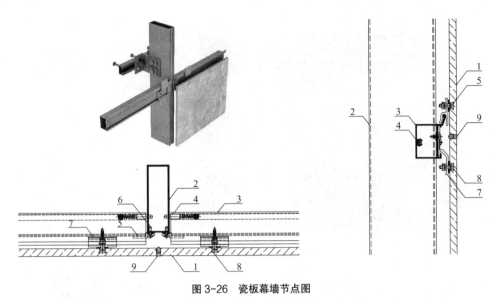

图 3-26 瓷板幕墙节点图

1—瓷板；2—立柱；3—横梁；4—不锈钢弹簧插销组件；5—铝合金连接件；

6—不锈钢螺钉；7—铝合金挂件；8—不锈钢背栓；9—硅酮建筑密封胶

50mm；通长挂件外端与面板边缘的距离不宜小于 20mm，且不宜大于 50mm。

（7）瓷板挂件插入槽口的深度不宜小于 8mm，也不宜大于 12mm。

（8）背栓中心线与面板端部的距离不应小于 50mm，且不宜大于边长的 20%。采用两个背栓连接的面板，应采取附加固定措施，防止板面滑移、偏斜。

（9）背栓与瓷板的连接应采用无应力植入。

（10）瓷板幕墙转角处宜采用不锈钢支撑件或铝合金型材专用件组装。

（11）当采用薄瓷板时，宜采用结构胶连接。

（二）陶板幕墙

陶板幕墙节点图如图 3-27 所示。

设计要点：

（1）幕墙用陶板应符合现行行业标准《建筑幕墙用陶板》JG/T 324—2011 的规定。

（2）陶板的厚度应大于 15mm。

（3）陶板吸水率 $3\% < E \leqslant 6\%$ 时，平均断裂模数 $\geqslant 20$ MPa；陶板吸水率 $6\% < E \leqslant 10\%$ 时，平均断裂模数 17.5 MPa；湿胀系数 $\leqslant 1.6\%$。

（4）陶板短挂件用不锈钢材料的截面厚度不宜小于 1.5mm，铝合金型材的

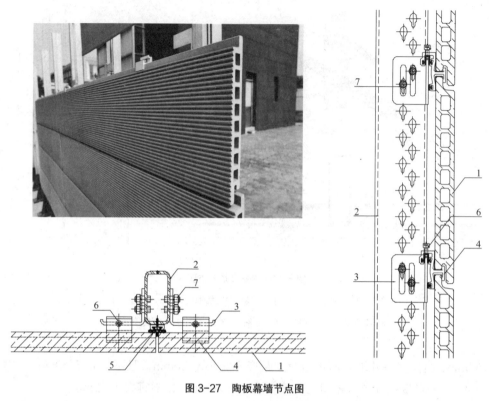

图 3-27　陶板幕墙节点图

1—陶板；2—打孔立柱；3—转接件；4—铝合金挂件；5—分缝件胶条；6—调节螺栓；7—不锈钢螺栓组

截面厚度不宜小于 2.0mm，短挂件的长度不宜小于 50mm；通长挂件用铝合金型材的截面厚度不宜小于 1.5mm。定位弹簧片的截面厚度不宜小于 0.5mm。

（5）挂件与面板的连接，不应使面板产生附加局部挤压应力和重力传递现象。

（6）挂件为 L 形且全部采用挂装方式安装时，其自重应由陶板上部挂件的挂钩承受。

（7）上部采用插口式挂件，且陶板自重由下部挂件承受时，应采取防陶板断裂下坠措施，承重处挂件与陶板挂槽内竖向的接触部位不应留有间隙。

（8）挂件与陶板挂槽前后之间的空隙宜填充聚氨酯密封胶或设置弹性垫片，采用橡胶垫片时，其厚度不宜小于 1.0mm。

（9）挂件插入陶板槽口的深度不宜小于 6mm；短挂件中心线与面板边缘的距离宜为板长的 1/5，且不宜小于 50mm。

（10）陶板两端宜设置定位弹性垫片。

（11）陶板与支承构件采用镶嵌式挂件时，应防止挂件跳动、滑移。

（三）GRC 幕墙

GRC 幕墙节点图如图 3-28、图 3-29 所示。

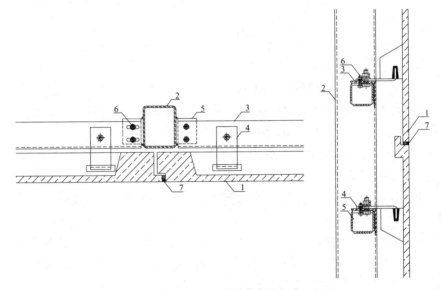

图 3-28 GRC 幕墙节点图（1）

1—GRC 面板；2—立柱；3—横梁；4—挂件；5—连接角码；6—紧固件；7—GRC 专用密封胶

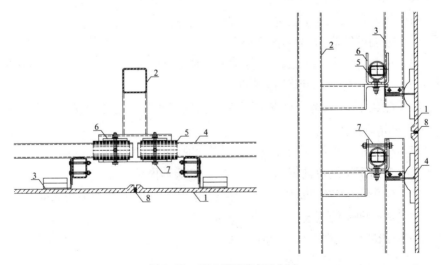

图 3-29 GRC 幕墙节点图（2）

1—GRC 面板；2—立柱；3—GRC 挂点；4—背负钢架；5—圆套管；6—U 形连接件；7—不锈钢螺栓组件；8—GRC
专用密封胶

设计要点：

（1）幕墙用 GRC 板应符合现行行业标准《外墙用非承重纤维增强水泥板》JG/T 396—2012 的规定。

（2）幕墙用 GRC 锚固胶性能应符合现行行业标准《混凝土结构工程用锚固胶》JG/T 340—2011 的规定。

（3）GRC 平板厚度不宜小于 25mm，高层建筑、重要建筑及临街建筑 GRC 平板厚度不宜小于 30mm。

（4）采用四点支承的单板 GRC 平板的面积不宜大于 1.0m²。

（5）在未经表面防水处理和涂装处理状态下，板材的表观密度 $D \geqslant 1.2g/cm^3$，吸水率 ≤ 22%，湿度变形 ≤ 0.07%，抗冻性 ≥ 0.80。

（6）GRC 宜进行六面防水处理。

（7）根据受力要求设计锚固构造，锚固件应为圆钢或扁钢，制作时预埋，与板后钢架焊接，锚固件和背附钢架应采取防腐蚀措施，宜采用整体热浸镀锌。

（8）GRC 平板的锚固构造可采用预埋方式或后锚固方式，且其有效锚固深度不应小于板厚的 1/2。当采用后锚固方式时，应采用背栓或短槽后置挂件等锚固形式，且锚固件与 GRC 板在锚固处应采用锚固胶胶接处理。

（9）采用短槽后置挂件锚固连接的 GRC 平板，其平板外墙高度不宜大于 24m。

（10）GRC 带肋板的面板厚度不应小于 10mm。

（11）板面最大尺寸不宜大于 4500mm。

（12）板肋的跨高比不宜小于 16。

（13）面板边缘与相邻支承点间的间距应小于支承间距的 1/2，面板边缘应制作具有足够抵抗板边变形的加强肋。

（14）GRC 面板与背附钢架应采用柔性锚杆连接，应设置重力锚杆，且不应少于柔性锚杆的列数。

（15）板后钢架可制作成井格式，井格间距宜为 600 ～ 800mm。

（16）背附钢架用热轧钢型材的有效厚度不应小于 3mm。

（17）GRC 构件与主体结构的连接点空间调节净距不应小于 25mm。

（18）面板间接缝宽度宜不小于 8mm。

（19）GRC 材料的纤维含量应占总重的 4% ～ 5%。

（四）石材蜂窝板幕墙

石材蜂窝板幕墙节点图如图 3-30 所示。

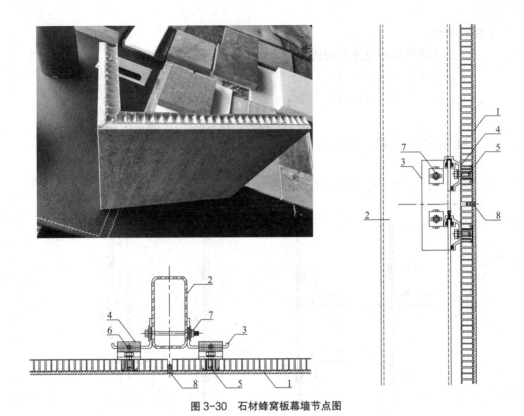

图 3-30 石材蜂窝板幕墙节点图

1—石材蜂窝板；2—立柱；3—转接件；4—铝合金挂件；

5—不锈钢螺母固定件；6—调节螺栓；7—不锈钢螺栓组；8—硅酮建筑密封胶

设计要点：

（1）幕墙用石材蜂窝板应符合现行行业标准《建筑装饰用石材蜂窝复合板》JG/T 328—2011 的规定。

（2）面板石材为亚光面或镜面时，石材厚度宜为 3 ~ 5mm，面板石材为粗面时，石材厚度宜为 5 ~ 8mm。

（3）石材表面应涂刷符合现行行业标准《建筑装饰用天然石材防护剂》JC/T 973—2005 规定的一等品及以上要求的饰面型石材防护剂，其耐碱性、耐酸性宜大于 80%。

（4）表层石材吸水率应小于 0.6%，体积密度不小于 2.5g/cm³。

（5）表层石材的强度应经法定检测机构确定，花岗石面板的弯曲强度不小于 8.0MPa，砂岩的弯曲强度不小于 4.0MPa，石灰石的弯曲强度不小于 3.4MPa。

（6）铝蜂窝芯厚度不宜小于 14mm，芯格边长不宜大于 6mm，壁厚不宜小于 0.07mm。

（7）石材蜂窝板应镶框封边处理，蜂窝不应外露。

（8）石材蜂窝板幕墙宜采用封闭式板缝。

（9）石材蜂窝板边长宜不大于 2m，板块面积宜不大于 2m²。

六、幕墙立柱横梁连接设计

幕墙立柱结构计算受力模型如图 3-31 所示。

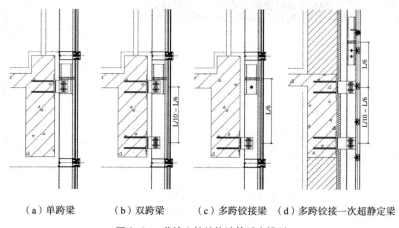

（a）单跨梁　　（b）双跨梁　　（c）多跨铰接梁　　（d）多跨铰接一次超静定梁

图 3-31　幕墙立柱结构计算受力模型

设计要点：

（1）多层或高层的幕墙立柱与主体结构的连接形式宜采用多跨铰接。

（2）采用双跨，其长短跨比宜不大于 10，双跨的第二个支点应设计竖向长圆孔。

（3）立柱下端支承时，应作压弯构件设计，对受弯平面内和平面外作受压稳定计算，立柱应考虑其长细比。

（4）横梁托条宜按照 1/8 位置放置计算。

（5）在自重标准值作用下，水平受力构件在单块面板两端跨距内的最大挠度不应超过该面板两端跨距的 1/500，且不应超过 3mm。

（6）上、下立柱之间应留有不小于 15mm 的缝隙，闭口型材可采用长度不小于 250mm 的芯柱连接，金属、石材幕墙芯套长度不应小于 400mm，芯套与立柱应紧密配合。

（7）立柱与主体结构之间每个受力连接部位的连接螺栓不应少于 2 个，且连接螺栓直径不宜小于 10mm。

（8）横梁可通过角码、螺钉或螺栓与立柱连接。角码应能承受横梁的剪力，其厚度不应小于 3mm。

（9）钢横梁及立柱连接为焊接时，每间隔 12m 应设一处水平向滑移铰接端，应能可控滑动并满足强度要求。同一区段内横梁和立柱的连接构造应一致。

（10）轻质填充墙不得作为幕墙的支承结构。

七、幕墙埋件设计

幕墙承受的荷载最终通过埋件传递到主体结构上，所以埋件的设计至关重要。幕墙用埋件包括预埋件和后置埋件，预埋件包括平板预埋件、槽型预埋件、板槽预埋件。预埋件的设计使用年限应与主体结构保持一致，宜不低于 50 年。后锚固连接设计的设计使用年限不宜小于 30 年。

（一）平板预埋件

平板预埋件如图 3-32 所示。

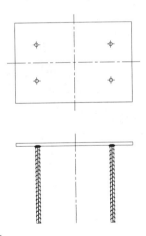

图 3-32　平板预埋件

设计要点：

（1）幕墙用平板预埋件应按照《玻璃幕墙工程技术规范》JGJ 102—2003 和《金属与石材幕墙工程技术规范》JGJ 133—2001 的规定进行设计。

（2）雨篷、采光顶、大型钢结构的预埋件应参考《混凝土结构设计规范》

GB 50010—2010 的有关规定。

（3）平板预埋件的锚板宜采用 Q235B、Q345B 级钢，锚筋应采用 HRB400 或 HPB300 级钢筋。

（4）锚板厚度应根据其受力情况按计算确定，且宜大于锚筋直径的 0.6 倍。锚筋中心至锚板边缘的距离 c 不应小于锚筋直径的 2 倍和 20mm 的较大值。

（5）受剪平板预埋件的直锚筋可采用 2 根，其他受力直锚筋不宜少于 4 根，且不宜多于 4 层；其直径不宜小于 8mm，且不宜大于 25mm。预埋件的锚筋应放置在构件的外排主筋的内侧。

（6）直锚筋与锚板应采用 T 形焊。对 HPB300 级钢筋宜采用 E43 型焊条，对 HRB400 级钢筋宜采用 E55 型焊条。当锚筋直径不大于 20mm 时，可采用压力埋弧焊或手工焊，压力埋弧焊宜采用 HJ431 型焊剂；当锚筋直径大于 20mm 时，宜采用穿孔塞焊。当采用手工焊时，焊缝高度不宜小于 6mm 及 0.6d，d 为锚筋直径。

（7）当锚筋的拉应力设计值小于钢筋抗拉强度设计值 f_y 时，其锚固长度可适当减小，但不应小于 15 倍锚固钢筋直径。

（二）槽式埋件

槽式埋件如图 3-33 所示。

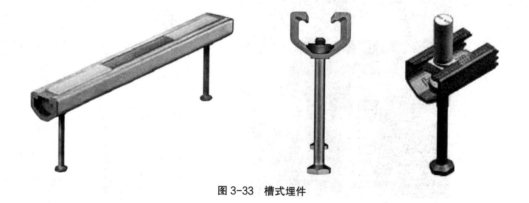

图 3-33　槽式埋件

设计要点：

（1）金属槽可由钢板折弯、铸件、锻件制成。槽式预埋件应采用碳钢材质，所用材料各项性能指标不低于 Q235 号碳钢，钢槽壁厚应不小于 2mm，表面应进行分件热浸镀锌处理，镀层厚度不宜小于 55μm。

（2）配套 T 形螺栓钢材材质应为：8.8 级碳钢，表面应进行热浸镀锌处理，镀锌层厚度不宜小于 45μm，单个 T 形螺栓和单根锚筋的受拉及受剪设计值不应超过其抗拉抗剪承载力设计值。

（3）槽式预埋件的槽身与腿部应采用冷连接（无焊接）设计，确保预埋槽腿部无焊接残留应力，并且避免酸洗时酸液残留在焊接缝内导致的镀锌层问题。

（4）槽式埋件承载力标准值由产品型式检验报告或认证报告提供。

（5）槽式埋件组件设计，应分别对拉力和剪力引起的槽式预埋件及混凝土结构强度进行校核，并验算剪力复合作用。

（6）槽式埋件需要考虑平行于槽体长度方向剪力时，不应采用仅依靠 T 形螺栓与钢槽卷边之间的摩擦力来抗剪，螺栓应焊接定位或采用其他防滑移措施。

（7）槽式预埋件厂商必须提供有实验依据的预埋槽安装偏拉后的修补措施。

（8）为了避免漏浆，槽式预埋件槽内要填充密封条（不能使用海绵等不密软质密封材料），两端要有端盖封口。填充物应为环保低密度聚乙烯（LDPE）材料，且配有易拉条设计，方便拆除。

（9）槽式预埋件的动载性能和遇火时的承载力设计，应通过相关的认证测试。对有抗震设防要求的幕墙建筑，槽式预埋件宜采用带齿牙卷边优化槽体，及与之配套的带齿牙 T 形螺栓。

（10）槽式预埋件的混凝土基材厚度应不小于 $1.5h_{ef}$，且不小于 200mm。槽式预埋件的有效锚固深度不得小于 90mm；两个锚筋间的最小间距不小于 100mm，最大间距不大于 250mm。槽式预埋件与混凝土构件的最小边距 c_1 和 c_2 均应不小于 50mm。h_{ef} 为槽式埋件的有效埋深。

（三）后置埋件

后置埋件如图 3-34 所示。

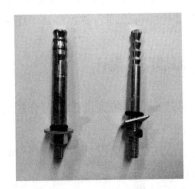

图 3-34　后置埋件

设计要点：

（1）后锚固连接设计的设计使用年限不宜小于 30 年。

（2）后置埋件设计与构造应按照《混凝土结构后锚固技术规程》JGJ 145—2013 的规定，且应采取防止锚栓螺母松动和锚板滑移的措施。

（3）在抗震设防区应采用适用于开裂混凝土的锚栓。普通化学锚栓不应用于重要的或受力较大部位的锚固连接。

（4）锚板厚度应按照现行国家标准《钢结构设计标准》GB 50017—2017 进行设计，且不宜小于锚栓直径的 0.6 倍，受拉和受弯锚板的厚度尚宜大于锚栓间距的 1/8；外围锚栓孔至锚板边缘的距离不应小于 2 倍锚栓孔直径和 20mm。

（5）每个连接节点不应少于 2 个锚栓。

（6）锚栓直径应通过承载力计算确定，并不应小于 10mm。

（7）后置锚栓应进行承载力现场试验，现场检测极限承载力应大于设计值的 2 倍。

（8）锚栓的有效锚固深度不应小于 60mm，有效锚固深度不应包括装饰层或抹灰层。

（9）后置锚板和锚栓应有可靠的防腐措施，后置锚板应进行热浸镀锌表面处理。

（10）防火分区位置的后置埋件应采用后扩底型锚栓进行固定。

（11）普通化学锚栓的有效锚固深度不大于 $20d$，d 为锚栓直径。

（12）扩底型锚栓和化学锚栓的最小间距 $s \geq 6d$，最小边距 $c \geq 6d$，d 为锚栓直径。

（13）扩底型锚栓的混凝土基材厚度 h 不应小于 $2h_{ef}$，且 h 应大于 100mm，h_{ef} 为锚栓的有效埋置深度。

（14）化学锚栓的混凝土基材厚度 h 不应小于 $h_{ef}+2d_0$，且 h 应大于 100mm，h_{ef} 为锚栓的有效埋置深度，d_0 为钻孔直径。

八、幕墙防火设计

建筑幕墙的防火设计应符合现行行业标准《建筑设计防火规范》GB 50016—2014 的规定。

幕墙的防排烟设计应符合现行行业标准《建筑防烟排烟系统技术标准》GB 51251—2017 的规定。

设计要点：

（1）幕墙与每层楼板、隔墙处的缝隙应采用防火封堵材料封堵，当采用岩棉或矿棉封堵时，其厚度不应小于100mm，并应填充密实；楼层间水平防烟带的岩棉或矿棉宜采用厚度不小于1.5mm的镀锌钢板承托；承托板与主体结构、幕墙结构及承托板之间的缝隙宜填充防火密封材料。

（2）同一幕墙单元，不宜跨越建筑的两个防火分区。

（3）消防救援窗的净高度和净宽度均不应小于1.0m，下沿距室内地面不宜大于1.2m，间距不宜小于20m且每个防火分区不应少于2个，设置位置应与消防车登高操作场地相对应。窗口的玻璃要易于破碎，并应设置可在室外易于识别的明显标志。

（4）建筑高度大于54m的住宅建筑每户应有一间房间，应靠外墙设置可开启外窗，外窗的耐火完整性不宜低于1.00h，该房间的门宜采用乙级防火门。

（5）建筑外墙上、下层开口之间应设置高度不小于1.2m的实体墙或挑出宽度不小于1.0m、长度不小于开口宽度的防火挑檐；当室内设置自动喷水灭火系统时，上、下层开口之间的实体墙高度不应小于0.8m。当上、下层开口之间设置实体墙确有困难时，可设置防火玻璃墙，但高层建筑的防火玻璃墙的耐火完整性不应低于1.00h，多层建筑的防火玻璃墙的耐火完整性不应低于0.5h。

（6）建筑外保温和外墙的装饰层材料的燃烧性能等级应符合《建筑设计防火规范》GB 50016—2010第6.7条的规定。

（7）公共建筑内建筑面积大于100m²且经常有人停留的地上房间应设置排烟设施。可采用机械排烟或自然排烟窗（口）。

（8）建筑空间净高小于或等于6m的场所，当采用自然排烟窗（口）时，其排烟有效面积不小于该房间建筑面积的2%。

（9）采用自然通风方式的避难层（间）应设有不同朝向的可开启外窗，其有效面积不应小于该避难层（间）地面面积的2%，且每个朝向的面积不应小于2.0m²。

（10）避难层应设置直接对外的可开启窗口或独立的机械防烟设施，外窗应采用乙级防火窗。

（11）自然排烟窗（口）应设置手动开启装置，设置在高处不便于直接开启的可开启外窗应在距地面高度为1.3～1.5m的位置设置手动开启装置。

（12）外墙上设置自然排烟窗（口）应在储烟仓以内，但走道、室内空间净高度不大于3m的区域的自然排烟窗（口）可设置在室内净高度的1/2以上。

（13）自然排烟窗（口）的开启形式应有利于火灾烟气的排出。

（14）自然排烟窗（口）宜分散均匀布置，且每组的长度不宜大于3.0m。

（15）当采用自然排烟方式时，储烟仓的厚度不应小于空间净高度的20%，且不应小于500mm，储烟仓底部距地面的高度应大于安全疏散所需的最小清晰高度。

（16）走道、室内空间净高不大于3m的区域，其最小清晰高度不宜小于其净高的1/2，其他区域的最小清晰高度应按下式计算：

$$H_q = 1.6 + 0.1 \cdot H'$$

式中　H_q——最小清晰高度（m）；

　　　H'——对于单层空间，取排烟空间的建筑净高度（m）；对于多层空间，取最高疏散楼层的高度（m）。

（17）自然排烟窗（口）开启的有效面积计算如图3-35所示。

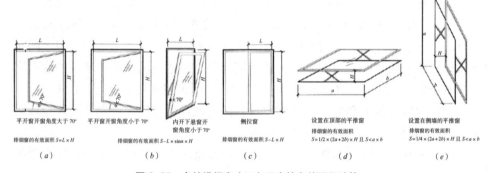

图3-35　自然排烟窗（口）开启的有效面积计算

当采用百叶窗时，窗的有效面积为窗的净面积乘以遮挡系数，根据工程实际经验，当采用防雨百叶时系数取0.6，当采用一般百叶时系数取0.8。

（18）紧靠防火墙两侧的门、窗、幕墙之间最小边缘的水平距离不小于2.0m的范围内未设置不燃烧实体墙，采取设置乙级防火窗来实现防火要求。建议防火分区位置玻璃幕墙室内侧设置实体墙（图3-36）。

九、幕墙防雷设计

建筑物按防雷要求分为三类，其中第一类主要是属于具有爆炸危险环境的建筑物，如使用或储存炸药、火药、起爆药等爆炸物质的建筑物等，常见的建筑幕墙的防雷分类主要是属于第二类或第三类。建筑幕墙的防雷措施主要是防

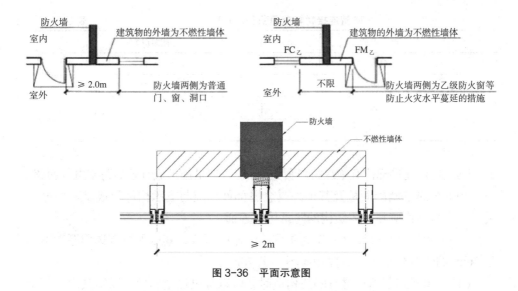

图 3-36 平面示意图

直击雷。防直击雷不仅要考虑顶层直击雷,还要考虑侧向直击雷。

设计要点:

(1)建筑幕墙的防雷设计应符合现行行业标准《建筑物防雷设计规范》GB 50057—2010 和《民用建筑电气设计规范》JGJ 16—2008 的规定。

(2)幕墙的金属框架一般不单独做防雷接地,而是利用主体结构的防雷体系,与建筑本身的防雷设计相结合。所以幕墙的金属框架应与主体结构的防雷体系可靠连接,并保持导电畅通。

(3)二类防雷建筑高度不大于 45m 时,三类防雷建筑高度不大于 60m 时,建筑幕墙主要是防顶层直击雷,不需要考虑侧向直击雷。

(4)幕墙的立柱宜采用柔性导线上、下连通。在主体建筑有水平均压环的楼层,立柱的预埋件或固定件可采用圆钢或扁钢与水平均压环焊接连通,形成导电电路,焊缝和连线应涂防锈漆。扁钢截面不宜小于 5mm × 40mm,圆钢直接不宜小于 12mm。

(5)当采用后置埋件埋设时,应在每两层用 ϕ12 钢筋设一道幕墙避雷钢筋,与主体避雷钢筋连通,采用焊接的形式,避雷钢筋的焊接长度不小于 6d,d 为钢筋的直径。

(6)隔热型材的内外侧金属型材应连接成电气通路。

(7)幕墙立柱在套芯连接部位、幕墙与主体结构之间,应按防雷连接材料截面的规定连接,详见表 3-2。

材料类别	截面积（≥）
铜质	16
铝质	25
钢质	50
不锈钢	50

防雷连接材料截面积（mm^2）　　　　　　　　　表 3-2

（8）构件连接部位有绝缘材料覆盖时，应采取措施形成有效的防雷电气通路。

（9）金属幕墙的面板及其他外露金属部件，应与支承构件形成良好的电气贯通。支承结构应与主体结构的防雷体系连通。

（10）利用自身金属材料作为防雷接闪器的幕墙，其压顶板宜选用厚度不小于 3mm 的铝合金单板，截面积应不小于 70mm^2。

（11）单元式幕墙型材有隔热构造时，应以等电位金属导体联结其内外侧金属材料，每一单元板块不少于两处。

（12）单元板块横竖向型材均设有密闭橡胶条时，型材插口拼装连接处应采用等电位金属材料跨接，形成良好的电气通路。

十、幕墙节能设计

建筑幕墙的节能设计指标应符合现行国家标准《公共建筑节能设计标准》GB 50189—2015、《民用建筑热工设计规范》GB 50176—2016 的有关规定，并应依据区域气候条件差异，参考现行《严寒和寒冷地区居住建筑节能设计标准》JGJ 26—2010、《夏热冬冷地区居住建筑节能设计标准》JGJ 134—2010、《夏热冬暖地区居住建筑节能设计标准》JGJ 75—2012，并遵从当地对建筑节能标准的相关规定。

设计要点：

（1）建筑幕墙的热工计算首先根据本工程的建筑热工计算书的 U 值和得热系数进行设计，在建筑没有特殊要求的情况下，应满足国家标准和当地标准的规定。

（2）中空玻璃四周封边宜采用暖边间隔条。

（3）中空玻璃的空气间隔层厚度应不宜小于 9mm。

（4）采用三玻两腔中空玻璃，两侧玻璃厚度不应小于 4mm。

（5）中空玻璃的空气隔层可充空气、惰性气体或抽真空。

（6）中空玻璃采用低辐射镀膜玻璃，可采用单银、双银或三银等镀膜玻璃。

（7）立柱、横梁、开启扇宜采用隔热铝型材或隔热构造措施。

（8）采用隔热型材时，其工艺宜采用穿条或注胶：用穿条工艺的隔热型材，其隔热材料应使用 PA66GF25（聚酰胺 66+25% 玻璃纤维）；用注胶工艺的隔热型材，其隔热材料应使用 PU（聚醚型聚氨酯）材料。

（9）采用隔热构造措施时，采用垫块隔热，垫块宜为连续条形，隔热材料的性能应符合现行的国家和行业标准。

（10）非透明部分背后应设计保温材料。

（11）玻璃的 U 值和遮掩系数根据热工计算的结果取值。

（12）夏热冬暖、夏热冬冷、温和地区的建筑各朝向外窗（包括透光幕墙），均应采取遮阳措施，东西向宜设置活动外遮阳，南向宜设置水平外遮阳。

（13）甲类公共建筑外窗（包括透光幕墙）应设开启窗扇，其有效通风换气面积不宜小于所在房间外墙面积的 10%，当透光幕墙通风受限制时，应设置通风换气装置；乙类公共建筑外窗有效通风换气面积不宜小于窗面积的 30%。

（14）严寒地区建筑的外门应设置门斗，寒冷地区建筑面向冬季主导风向的外门应设置门斗或双层外门。夏热冬暖、夏热冬冷和温和地区建筑的外门应采取保温隔热措施。

（15）当公共建筑入口大堂采用全玻幕墙时，全玻幕墙中非中空玻璃的面积不应超过同一立面透光面积（门窗和玻璃幕墙）的 15%。

（16）严寒、寒冷、夏热冬冷地区建筑的玻璃幕墙宜进行结露验算。

第四章

幕墙节能性能与计算

第一节 幕墙的性能

随着建筑科技水平的不断提高，玻璃幕墙在现代建筑工程领域得到了广泛的应用，玻璃幕墙由于具有现代美观、外观简洁及采光通透等一系列优点，几乎已经成为城市内部办公楼立面的主流形式，更新了现代建筑的设计理念。然而由于玻璃幕墙的气密性以及保温隔热性能相比传统墙体较差，因此推广应用节能幕墙已经成为现阶段幕墙应用研究的热点方向，这对于进一步推广玻璃幕墙在现代建筑中的应用也具有重要的作用。

一、玻璃幕墙技术特点分析

（一）建筑玻璃幕墙在建筑中应用的技术优势分析

玻璃幕墙已经成为现代建筑外围护结构的重要组成部分，在通风采光、隔声防火等方面具有明显的技术优势，特别是在结构形式、表面色彩以及幕墙材料质感等外观上具有良好的效果，对于实现建筑结构的现代美感，造型能力非常强；玻璃幕墙能够满足建筑围护结构各方面不同功能的要求，同时如果建筑物需要安装 LED 灯管照明、广告牌等其他设备也容易实现；玻璃幕墙由于主要是用金属框架以及玻璃材料组成，墙面自重通常在 $50kg/m^2$ 左右，因此能够大幅度地降低外围护结构的自重，这对于高层建筑以及超高层建筑十分有利；玻璃幕墙由于组成结构形式较为简单，因此对幕墙进行维护或是清洗非常方便，而且合理的设计或是特殊的处理也能够起到改善室内环境的作用。

（二）建筑玻璃幕墙应用上的限制问题分析

玻璃幕墙的建筑能耗相对较高。根据相关的研究资料表明，玻璃幕墙的平均能耗远高于一般建筑，这主要是由于玻璃幕墙的这种外围护结构的热容量相比传统墙体较小，蓄热系数较低，保温效果相对较差，容易受到外界环境气候的影响，因此玻璃幕墙存在着能耗较高的问题；玻璃幕墙的内部遮阳设置存在问题，导致一些采用玻璃幕墙的围护结构的遮阳效果较差；一些玻璃幕墙的通风换气设置存在困难，而且在增加这些装置时工程造价也会增高。

通过上述分析，可以明显地发现，现阶段制约玻璃幕墙应用的主要问题就在于玻璃幕墙围护结构的能耗较高。因此，为了推广玻璃幕墙更好地应用，积极地研究新型节能幕墙是行业一直在创导的。

二、节能幕墙的主要技术标准

（一）幕墙应该具有较好的隔热性能

由于采用玻璃幕墙，透光率较高，这就造成了建筑物室内的升温较快，在炎热季节就会造成空调能耗的增高。因此节能幕墙必须具有较高的隔热性能，能够有效地降低由于高温季节太阳辐射以及建筑物外部炎热空气的热传递导致的温升，同时可以避免热量通过传导、对流或是辐射等方式进入建筑物室内，利用节能幕墙作为屏障对热量传递进行控制。

（二）玻璃幕墙应该具有较好的保温性能

玻璃幕墙作为建筑物的外围护结构，应该具有一定的保温性能，能够通过玻璃幕墙对热量的散失进行控制，在寒冷季节的建筑物室内取暖热量得到有效的保存和利用，避免幕墙材料由于散热迅速所造成的能耗大量增加。

（三）各项技术要求指标控制合理

对于玻璃幕墙主要技术指标包括气密性能、水密性能、抗风压性能、传热系数、遮阳系数以及光学性能等技术指标。气密性能主要是指玻璃幕墙开启部分正常关闭时，幕墙整体阻止空气渗透的能力。传热系数则主要是指在传热条件基本处于稳定状态下，玻璃幕墙围护结构的保温性能。遮阳系数则主要是指玻璃幕墙遮挡阳光的能力，遮阳系数越小，阻止阳光热量向室内辐射的性能越好。光学性能则主要以幕墙玻璃透光折减系数为分级指标。对于节能幕墙技术研究需要对这些指标进行合理的控制。

三、节能玻璃幕墙材料

（一）隔热玻璃

隔热玻璃主要是指通过在普通的钠钙硅酸盐玻璃生产原料之中按照一定比例掺加具有吸热性能的着色剂所生产的玻璃，或是在普通的平板玻璃上喷镀单层或是多层的金属、金属氧化物形成薄膜所制作的玻璃。隔热玻璃能够有效地吸收太阳光中的红外线辐射能量，同时由于具有较高的透光率，因此能够有效地起到保温隔热的功能，对于降低高温条件下的空调能耗非常有利。

（二）太阳能光伏玻璃幕墙

太阳能光伏玻璃幕墙是指将太阳能转换硅片密封在两片玻璃中，安全地实现将太阳能转换为电能的一宗新型生态建材。玻璃幕墙的光电、光热技术的结合，在实现节能的同时还可以产能，这种新型的玻璃幕墙可以利用太阳辐射来产生一定的电能和热能。特别是太阳能电池发电不会排放二氧化碳或产生对温室效应有害的气体，也无噪声，是一种清洁能源，与环境有良好的相容性，充分体现了建筑的智能化与人性化的特点，代表着国际上建筑光伏一体化技术的最新发展方向。

目前光电建筑一体化技术也还在不断探索中，还有一些难题需要攻克，例如光伏组件的成本太高，大大高于玻璃幕墙成本；由于光伏电池作为幕墙必须竖立安装而不是在屋顶上垂直于日光安装，在阳光斜射和散射下电池发电效率大大减弱，降低了投资回报；同一建筑不同方向上光伏电池幕墙的发电不一致时，需要自动控制设备进行功率跟踪、自动调节等技术问题。

根据最新消息，2017 年我国潘锦功博士成功研制碲化镉薄膜太阳能电池，被誉为"挂在墙上的油田"，单片面积 $1.92m^2$、重 30kg、年可发电 260 ~ 270kW·h，$1.92m^2$ 发电玻璃的光电转化效率高达 17.8%，媲美传统硅太阳能板。由于碲化镉薄膜本身是全透明的，所以它可被涂抹在所有窗户、玻璃上。目前光电玻璃已经开始大批量生产，可以预见的是未来玻璃幕墙传统玻璃将逐渐被光电玻璃所取代，未来的玻璃幕墙也不再仅仅作为建筑的一种外围护结构形式，而是建筑乃至城市重要的能源基地。

（三）低辐射玻璃（Low-E 玻璃）

低辐射玻璃最大的特点在于普通幕墙玻璃表面镀有多层金属或是其他化合物所组成的膜，由于这些镀膜具有对可见光高透过及对中远红外线高反射的特点，因此能够起到有效隔热的效果，同时也不会影响到建筑物室内的采光性能。

（四）光致色变玻璃

光致色变玻璃最大的特点就是在幕墙玻璃材料制作过程中掺入适量的卤化银，或是在幕墙玻璃与有机夹层之间掺入适量的钼和钨的感光化合物，这样当阳光照射增强之后，由于这些掺加化合物具有光变特性，随着光照的增强玻璃的颜色会不断的加深，当没有阳光照射之后，玻璃就会恢复到原来的透明状态。这样就可以起到调节室内光线以及减轻外部热辐射的作用，具有非常明显的隔热效果。

（五）真空玻璃

真空玻璃主要是在玻璃制作过程中，通过在两层玻璃之间增加厚度非常小的支撑块，并将两层玻璃周边进行密封，然后将两层玻璃之间的空隙中的空气完全抽出所制作而成的幕墙玻璃材料。真空玻璃幕墙材料由于中间是真空的，因此会大幅降低真空层内空气的导热和对流换热，传热途径只是通过辐射进行，因此能够有效地提高玻璃幕墙的隔热保温性能，能够有效地改善幕墙的节能效果。

四、节能幕墙的具体应用技术

（一）利用双层幕墙技术实现建筑外围护结构的保温隔热功能，降低建筑物的能耗

双层幕墙主要是指具有双层结构的新型幕墙结构，这种幕墙的外层结构一般选择点支式幕墙、隐框玻璃幕墙或是明框玻璃幕墙。而内层结构则一般选择使用隐框玻璃幕墙、明框玻璃幕墙或是铝合金窗。双层幕墙技术在结构设置上最大的特点是在于内外结构之间设置中间空气夹层。这一层可以作为空气流通的通道，确保热量能够在通道内部自由的流动和传递，进而起到对建筑物室内环境保温隔热的作用。如果需要对建筑物室内进行保温，则可以通过关闭双层幕墙的出气口，此时空气道形成室温，便可以利用太阳能提高温室的空气虚热。如果在高温季节需要隔热，则可以通过打开双层幕墙设置的出气口，利用空气流动的热压原理和烟囱效应，将玻璃幕墙内的热气体排到外面来实现。除此以外，双层幕墙技术同时还具有采光合理、隔声降噪以及太阳能利用效率较高等一系列的技术优势。

（二）提高玻璃幕墙的气密性能以及遮阳系统的设计

对于幕墙面积较大（超过 3000m^2 或是幕墙面积占到外围护结构面积 50% 以上）的情况，应该严格按照技术规程的要求对玻璃幕墙的使用材料和配件安装制作试件检测，并通过气密性能检测，此外，还应该使用橡胶密封胶条、幕墙结构粘结材料、硅酮结构密封胶、发泡间隔双面胶带等材料，对于玻璃幕墙的面板缝隙以及玻璃幕墙的开启扇做好密封处理。对于这样的系统，则应该根

据幕墙的形式以及外遮阳系数的要求综合确定形式以及体系，选择固定遮阳与活动遮阳、外遮阳与内遮阳、双层幕墙的中间遮阳等多种形式。

（三）采用具有智能技术的玻璃幕墙

智能玻璃幕墙作为智能建筑的典型代表技术，主要是通过集成将建筑工程玻璃幕墙系统、建筑通风系统、中央空调系统、建筑室内外环境检测系统以及楼宇自动控制系统，将其作为子系统由中央控制系统进行动态地调整控制，通过对外界气候环境变化的智能分析，自动对玻璃幕墙的保温、遮阳以及通风设备等各个子系统进行优化调整，利用这种方式来降低建筑物由于温度环境变化所造成的能耗。

第二节　玻璃幕墙光学及热工参数计算

一、热传递原理

热传递定义：热从温度高的物体传到温度低的物体，或者从物体的高温部分传到低温部分的过程。热传递是自然界普遍存在的一种自然现象。只要物体之间或同一物体的不同部分之间存在温度差，就会有热传递现象发生，并且将一直继续到温度相同的时候为止。发生热传递的唯一条件是存在温度差，与物体的状态、物体间是否接触都无关。热传递的结果是温差消失，即发生热传递的物体间或物体的不同部分达到相同的温度。热传递的形式分为三种：热传导、对流换热、辐射换热。

二、幕墙节能性能关键指标

（一）传热系数

幕墙的传热系数是表征幕墙（含所有构造层次）在稳定传热条件下，幕墙两侧空气温差为 1K（1℃）时，单位时间内通过单位平方米面积传递的热量，单位为 W/（m²·K）。即传热系数 K 是包含了幕墙所有构造层次和两侧空气边界层在内的。它表征了建筑幕墙的热工性能。

（二）遮阳系数

对于玻璃幕墙而言，遮阳系数可以分为四种，分别为玻璃遮阳系数 S_e、幕墙遮阳系数 S_C、外遮阳系数 S_D、综合遮阳系数 S_W。

玻璃遮阳系数 S_e 是指太阳穿透测试遮挡物的透射量与标准遮挡物（3mm 普通无色透明玻璃）的比值。

幕墙遮阳系数 S_C 是在给定条件下，透过幕墙（包括框和玻璃）的辐射热量与透过相同条件下相同面积标准试件（包括框及 3mm 厚透明玻璃）的辐射热量的比值。

外遮阳系数 S_D 是指建筑物玻璃幕墙有外遮阳设施时投入室内的辐射热量与在相同条件下无外遮阳设施时透入的室内辐射热量的比值。

综合遮阳系数 S_W 是玻璃幕墙遮阳系数与外遮阳系数的乘积。

（三）玻璃幕墙的主要热传递方式

玻璃幕墙的主要热传递方式为热传导、对流换热、辐射换热。其中玻璃中空间隔层厚度、幕墙框的热阻是影响玻璃幕墙热传导热阻的主要因素；对流换热主要取决于幕墙内外表面风速大小；而辐射换热是玻璃幕墙区别于传统砌体墙体的主要换热形式，影响因素主要在于幕墙综合遮阳系数（包括玻璃遮阳系数与外遮阳系数等）。

三、节能幕墙的光学及热工计算

（一）一般规定

（1）玻璃幕墙的传热系数、遮阳系数应符合幕墙热工设计要求，并可按现行行业标准《建筑门窗玻璃幕墙热工计算规程》JGJ/T 151—2008 的有关规定进行计算。

（2）节能幕墙的传热系数、遮阳系数、可见光透射比应采用各部分（包括框、玻璃面板）的相应数值按面积进行加权平均计算。

（3）幕墙的线传热系数详见第（六）条"幕墙框传热模拟计算"。

（4）幕墙玻璃（或其他透明面板）的传热系数、太阳光总透射比、可见光透射比详见第（四）条、第（五）条。

（5）非透明多层面板的传热系数应按照各个材料层热阻相加的方法进行计算。

（6）计算幕墙水平和垂直转角部位的传热时，可将幕墙展开，将转角框简化为传热等效的框进行计算。

（二）幕墙的几何描述

（1）应根据框截面、镶嵌面板类型的不同将幕墙框节点进行分类，不同种类的框界面节点均应计算其传热系数及对应框和镶嵌面板接缝的线传热系数。

（2）在进行幕墙热工计算时应按下列规定进行面积划分：

1）框投影面积 A_f：指从室内、外两侧分别投影，得到的可视框投影面积中的较大值，简称"框面积"。

2）玻璃投影面积 A_g：指室内、外侧可见玻璃（或其他镶嵌板）边缘围合面积的较小值，简称"玻璃面积"（或"镶嵌板面积"）。

3）玻璃总投影面积 A_t：指框面积 A_f 与玻璃面积 A_g（和其他面板面积 A_p）之和，简称"幕墙面积"（图 4-1）。

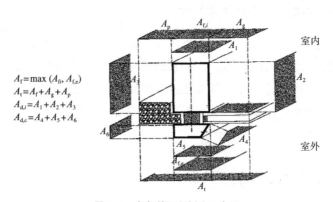

图 4-1　各部件面积划分示意图

（3）幕墙玻璃（或其他镶嵌板）和框结合的线传热系数对应的边缘长度 l_Φ 应为框与面板的接缝长度，并应取室内、室外接缝长度的较大值（图 4-2）。

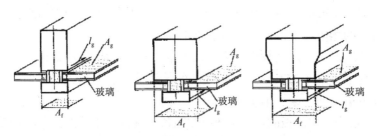

图 4-2　框与面板结合的集中情况示意图

（4）幕墙计算的边界和单元的划分应根据幕墙形式的不同而采用不同的方式。幕墙计算单元的划分应符合下列规定：

1）构件式幕墙的计算单元可从型材中线剖分（图4-3、图4-4）。

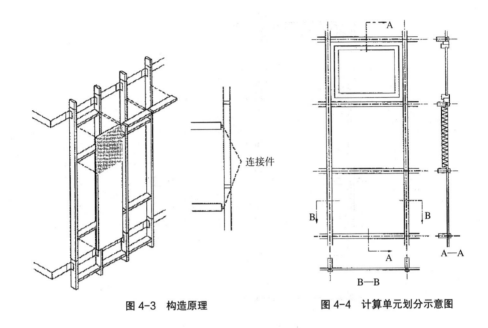

连接件

图4-3　构造原理　　　　　　　　　图4-4　计算单元划分示意图

2）单元式幕墙计算单元可从单元间的拼缝处剖分（图4-5、图4-6）。

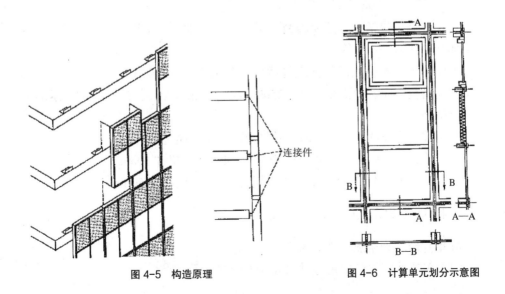

连接件

图4-5　构造原理　　　　　　　　　图4-6　计算单元划分示意图

（5）幕墙计算的节点应包括幕墙所有典型的节点，对于复杂的节点可拆分计算（图4-7）。

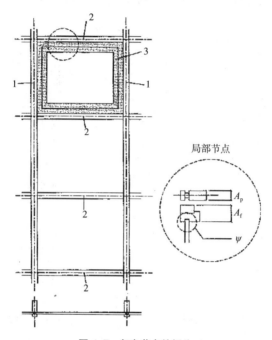

图 4-7　复杂节点的拆分

（三）玻璃光学及热工性能计算

单片玻璃（包括其他透明材料，下同）的光学、热工性能应根据测定的单片玻璃光谱数据进行计算。

测定的单片玻璃光谱数据应包括其各个光谱段的透射率、前反射率和后反射率，光谱范围应至少覆盖 300～2500nm 波长范围，不同波长范围的数据间隔应满足下列要求：

（1）波长为 300～400nm 时，数据点间隔不应超过 5nm。

（2）波长为 400～1000nm 时，数据点间隔不应超过 10nm。

（3）波长为 1000～2500nm 时，数据点间隔不应超过 50nm。

（四）玻璃光学热工性能计算原理

1. 单片玻璃光学热工性能

（1）单片玻璃的可见光透射比 τ_v 应按下式计算：

$$\tau_{\rm V} = \frac{\int_{380}^{780} D_{\lambda}\tau(\lambda)V(\lambda){\rm d}\lambda}{\int_{380}^{780} D_{\lambda}V(\lambda){\rm d}\lambda} \approx \frac{\sum_{\lambda=380}^{780} D_{\lambda}\tau(\lambda)V(\lambda)\Delta\lambda}{\sum_{\lambda=380}^{780} D_{\lambda}V(\lambda)\Delta\lambda} \tag{4-1}$$

式中　D_{λ}——D65 标准光源的相对光谱功率分布，见《建筑门窗玻璃幕墙热工计算规程》JGJ/T 151—2008 附录 D；

$\tau(\lambda)$——玻璃透射比的光谱数据；

$V(\lambda)$——人眼的视见函数，见《建筑门窗玻璃幕墙热工计算规程》JGJ/T 151—2008 附录 D。

（2）单片玻璃的可见光反射比 $\rho_{\rm V}$ 应按下式计算：

$$\rho_{\rm V} = \frac{\int_{380}^{780} D_{\lambda}\rho(\lambda)V(\lambda){\rm d}\lambda}{\int_{380}^{780} D_{\lambda}V(\lambda){\rm d}\lambda} \approx \frac{\sum_{\lambda=380}^{780} D_{\lambda}\rho(\lambda)V(\lambda)\Delta\lambda}{\sum_{\lambda=380}^{780} D_{\lambda}V(\lambda)\Delta\lambda} \tag{4-2}$$

式中　$\rho(\lambda)$——玻璃反射比的光谱数据。

（3）单片玻璃的太阳光直接透射比 $\tau_{\rm S}$ 应按下式计算：

$$\tau_{\rm S} = \frac{\int_{300}^{2500} \tau(\lambda)S(\lambda){\rm d}\lambda}{\int_{300}^{2500} S(\lambda){\rm d}\lambda} \approx \frac{\sum_{\lambda=300}^{2500} \tau(\lambda)S(\lambda)\Delta\lambda}{\sum_{\lambda=300}^{2500} S(\lambda)\Delta\lambda} \tag{4-3}$$

式中　$\tau(\lambda)$——玻璃透射比的光谱；

$S(\lambda)$——标准太阳光谱，见《建筑门窗玻璃幕墙热工计算规程》JGJ/T 151—2008 附录 D。

（4）单片玻璃的太阳光直接反射比 $\rho_{\rm S}$ 应按下式计算：

$$\rho_{\rm S} = \frac{\int_{300}^{2500} \rho(\lambda)S(\lambda){\rm d}\lambda}{\int_{300}^{2500} S(\lambda){\rm d}\lambda} \approx \frac{\sum_{\lambda=300}^{2500} \rho(\lambda)S(\lambda)\Delta\lambda}{\sum_{\lambda=300}^{2500} S(\lambda)\Delta\lambda} \tag{4-4}$$

式中　$\rho(\lambda)$——玻璃反射比的光谱。

（5）单片玻璃的太阳光总透射比 g 应按下式计算：

$$g = \tau_{\rm S} + \frac{\alpha_{\rm s} \cdot h_{\rm in}}{h_{\rm in} + h_{\rm out}} \tag{4-5}$$

式中　$h_{\rm in}$——玻璃室内表面换热系数 ［W/（m^2·K）］；

$h_{\rm out}$——玻璃室外表面换热系数 ［W/（m^2·K）］；

α_s——单片玻璃的太阳光直接吸收比。

（6）单片玻璃的太阳辐射吸收系数 A_s 应按下式计算：

$$\alpha_s = 1 - \tau_s - \rho_s \qquad (4\text{-}6)$$

式中 τ_s——单片玻璃的太阳光直接透射比；

ρ_s——单片玻璃的太阳光直接反射比。

（7）单片玻璃的遮阳系数 SC_{cg} 应按下式计算：

$$SC_{cg} = \frac{g}{0.87} \qquad (4\text{-}7)$$

式中 g——单片玻璃的太阳光总透射比。

2. 多层玻璃光学热工性能计算

（1）太阳光透过多层玻璃系统的计算应采用如下通用计算模型（图4-8）：

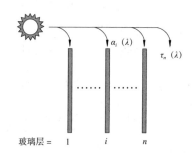

图 4-8　玻璃层的吸收率和太阳光透射比

一个具有 n 层玻璃的系统，系统分为 $n+1$ 个气体间层，最外层为室外环境（$i=1$），内层为室内环境（$i=n+1$）。对于波长 λ 的太阳光，系统的光学分析应以第 $i-1$ 层和第 i 层玻璃之间辐射能量 $I_i^+(\lambda)$ 和 $I_i^-(\lambda)$ 建立能量平衡方程，其中角标"+"和"–"分别表示辐射流向室外和流向室内。

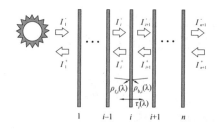

图 4-9　多层玻璃体系中太阳辐射热的分析

可设定室外只有太阳辐射，室外和室内环境的反射率为零。

当 $i=1$ 时：

$$I_1^+(\lambda) = \tau_1(\lambda)I_2^+(\lambda) + \rho_{\mathrm{f},1}(\lambda)I_{\mathrm{S}}(\lambda) \tag{4-8}$$

$$I_1^-(\lambda) = I_{\mathrm{S}}(\lambda) \tag{4-9}$$

当 $i=n+1$ 时：

$$I_{n+1}^-(\lambda) = \tau_n(\lambda)I_n^-(\lambda) \tag{4-10}$$

$$I_{n+1}^+(\lambda) = 0 \tag{4-11}$$

当 $i=2 \sim n$ 时：

$$I_i^+(\lambda) = \tau_i(\lambda)I_{i+1}^+(\lambda) + \rho_{\mathrm{f},i}(\lambda)I_i^-(\lambda) \quad i=2 \sim n \tag{4-12}$$

$$I_i^-(\lambda) = \tau_{i-1}(\lambda)I_{i-1}^-(\lambda) + \rho_{\mathrm{b},i-1}(\lambda)I_i^+(\lambda) \quad i=2 \sim n \tag{4-13}$$

利用线性方程组计算各个气体层的 $I_i^-(\lambda)$ 和 $I_i^+(\lambda)$ 值。传向室内的直接透射比应按下式计算：

$$\tau(\lambda) \cdot I_{\mathrm{S}}(\lambda) = I_{n+1}^-(\lambda) \tag{4-14}$$

反射到室外的直接反射比应按下式计算：

$$\rho(\lambda) \cdot I_{\mathrm{S}}(\lambda) = I_1^+(\lambda) \tag{4-15}$$

第 i 层玻璃的太阳辐射吸收比 $A_i(\lambda)$ 应按下式计算：

$$A_i(\lambda) = \frac{I_i^-(\lambda) - I_i^+(\lambda) + I_{i+1}^+(\lambda) - I_{i+1}^-(\lambda)}{I_{\mathrm{S}}(\lambda)} \tag{4-16}$$

（2）对整个太阳光谱进行数值积分，应按下列公式计算得到第 i 层玻璃吸收的太阳辐射热流密度 S_i：

$$S_i = A_i \cdot I_{\mathrm{s}} \tag{4-17}$$

$$A_i = \frac{\int_{300}^{2500} A_i(\lambda)S(\lambda)\mathrm{d}\lambda}{\int_{300}^{2500} S(\lambda)\mathrm{d}\lambda} \approx \frac{\sum_{\lambda=300}^{2500} A_i(\lambda)S(\lambda)\Delta\lambda}{\sum_{\lambda=300}^{2500} S(\lambda)\Delta\lambda} \tag{4-18}$$

式中　A_i——太阳辐射照射到玻璃系统时，第 i 层玻璃的太阳辐射吸收比。

（3）多层玻璃的可见光透射比应按公式（4-1）计算，可见光反射比应按公式（4-2）计算。

（4）多层玻璃的太阳光直接透射比应按公式（4-3）计算，太阳光直接反射比应按公式（4-4）计算。

3. 玻璃系统的传热系数

（1）计算玻璃系统的传热系数时，应采用简单的模拟环境条件，仅考虑室内外温差，没有太阳辐射，应按下式计算：

$$U_g = \frac{q_{in}(I_s = 0)}{T_{ni} - T_{ne}} \tag{4-19}$$

$$U_g = \frac{1}{R_t} \tag{4-20}$$

式中　$q_{in}(I_s=0)$——没有太阳辐射热时，通过玻璃系统传向室内的净热流（W/m²）；

　　　　T_{ne}——室外环境温度（K）；

　　　　T_{ni}——室内环境温度（K）。

1）玻璃系统的传热阻 R_t 应为各层玻璃、气体间层、内外表面换热阻之和，应按下列公式计算：

$$R_t = \frac{1}{h_{out}} + \sum_{i=2}^{n} R_i + \sum_{i=1}^{n} R_{g,i} + \frac{1}{h_{in}} \tag{4-21}$$

$$R_{g,i} = \frac{t_{g,i}}{\lambda_{g,i}} \tag{4-22}$$

$$R_i = \frac{T_{f,i} - T_{b,i-1}}{q_i} \qquad i = 2 \sim n \tag{4-23}$$

式中　$R_{g,i}$——第 i 层玻璃的固体热阻；

　　　　R_i——第 i 层气体间层的热阻；

$T_{f,i}$、$T_{b,i-1}$——第 i 层气体间层的外表面和内表面温度；

　　　　q_i——第 i 层气体间层的热流密度。

2）环境温度应是周围空气温度 T_{air} 和平均辐射温度 T_{rm} 的加权平均值，应按下式计算：

$$T_{n} = \frac{h_{c}T_{air} + h_{r}T_{rm}}{h_{c} + h_{r}}$$ （4-24）

式中　h_{c} 和 h_{r} 应按《建筑门窗玻璃幕墙热工计算规程》JGJ/T 151—2008 第 10 章的规定计算。

（2）玻璃系统的遮阳系数的计算应符合下列规定：

1）各层玻璃室外侧方向的热阻应按下式计算：

$$R_{out,i} = \frac{1}{h_{out}} + \sum_{k=2}^{i} R_{k} + \sum_{k=1}^{i-1} R_{g,k} + \frac{1}{2} R_{g,i}$$ （4-25）

式中　$R_{g,i}$——第 i 层玻璃的固体热阻 $[(m^{2} \cdot K) / W]$；

　　　$R_{g,k}$——第 k 层玻璃的固体热阻 $[(m^{2} \cdot K) / W]$；

　　　R_{k}——第 k 层气体间层的热阻 $[(m^{2} \cdot K) / W]$。

2）各层玻璃向室内的二次传热应按下式计算：

$$q_{in,i} = \frac{A_{S,i} \cdot R_{out,i}}{R_{t}}$$ （4-26）

3）玻璃系统的太阳光总透射比应按下式计算：

$$g = \tau_{S} + \sum_{i=1}^{n} q_{in,i}$$ （4-27）

4）玻璃系统的遮阳系数应公式（4-7）计算。

（五）玻璃光学热工性能软件模拟计算实例

采用模拟软件中的玻璃光学热工计算模块对幕墙所采用的玻璃系统进行光学热工性能计算，计算内容包括玻璃光谱分布如图 4-10、图 4-11 所示，以市面上较为常见的 6Low-E+12+6（mm）中空玻璃以及 19mm 夹胶玻璃为例，玻璃系统光学热工性能参数见表 4-1。

玻璃系统光学热工性能参数模拟计算实例　　　　　　　　　　　表 4-1

编号	名称	U	SC	τ	倾角（°）
1	6Low-E+12+6（mm）中空玻璃	1.756	0.355	0.307	90
2	19mm 夹胶玻璃	4.789	0.824	0.834	90

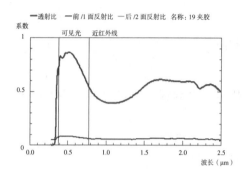

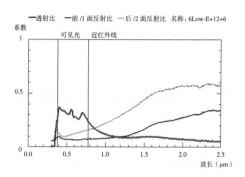

图 4-10　19mm 夹胶玻璃光谱分布图　　图 4-11　6Low-E+12A+6（mm）夹胶玻璃光谱分布图

说明：U——面板传热系数 [W/（$m^2 \cdot K$）]；

τ——面板的可见光透射比；

SC——面板遮阳系数。

（六）幕墙框传热模拟计算

（1）框的传热系数 U_f 应在计算窗或幕墙的某一框截面的二维热传导的基础上获得。

（2）在框的计算截面中，应用一块导热系数 λ=0.03W/（$m \cdot K$）的板材替代实际的玻璃（或其他镶嵌板），板材的厚度等于所替代面板的厚度，嵌入框的深度按照实际尺寸，可见部分的板材宽度 b_p 不应小于 200mm（图 4-12）。

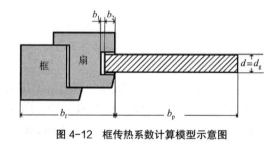

图 4-12　框传热系数计算模型示意图

（3）在室内外计算条件下，用二维热传导计算软件计算流过图示截面的热流 q_W，并应按下式整理：

$$q_W = \frac{\left(U_f \cdot b_f + U_p \cdot b_p\right) \cdot \left(T_{n,in} - T_{n,out}\right)}{b_f + b_p}$$

（4-28）

$$U_f = \frac{L_f^{2D} - U_p \cdot b_p}{b_f} \quad (4\text{-}29)$$

$$L_f^{2D} = \frac{q_W(b_f + b_p)}{T_{n,in} - T_{n,out}} \quad (4\text{-}30)$$

式中　U_f——框的传热系数 $[W/(m^2 \cdot K)]$；

　　　L_f^{2D}——框截面整体的线传热系数 $[W/(m \cdot K)]$；

　　　U_p——板材的传热系数 $[W/(m^2 \cdot K)]$；

　　　b_f——框的投影宽度（m）；

　　　b_p——板材可见部分的宽度（m）；

　　$T_{n,in}$——室内环境温度（K）；

　　$T_{n,out}$——室外环境温度（K）。

（4）用实际的玻璃系统（或其他镶嵌板）替代导热系数 $\lambda=0.03W/(m \cdot K)$ 的板材，其他尺寸不改变（图4-13）。

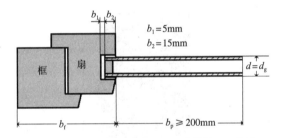

图4-13　框与面板接缝传热系数计算模型示意图

（5）用二维热传导计算程序，计算在室内外标准条件下流过图示截面的热流 q_ψ，q_ψ 应按下式整理：

$$q_\psi = \frac{(U_f \cdot b_f + U_g \cdot b_g + \psi) \cdot (T_{n,in} - T_{n,out})}{b_f + b_g} \quad (4\text{-}31)$$

$$\psi = L_\psi^{2D} - U_f \cdot b_f - U_g \cdot b_g \quad (4\text{-}32)$$

$$L_\psi^{2D} = \frac{q_\psi(b_f + b_g)}{T_{n,in} - T_{n,out}} \quad (4\text{-}33)$$

式中　ψ——框与玻璃（或其他镶嵌板）接缝的线传热系数 $[W/(m \cdot K)]$；

L_ψ^{2D}——框截面整体线传热系数 [W/（m·K）]；

U_g——玻璃的传热系数 [W/（m²·K）]；

b_g——玻璃可见部分的宽度（m）；

$T_{n,in}$——室内环境温度（K）；

$T_{n,out}$——室外环境温度（K）。

节点和幕墙中竖框计算结果实例如图 4-14、图 4-15 所示。

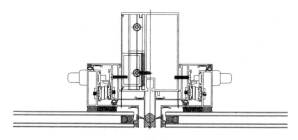

图 4-14　节点图实例

16.3℃　12.3℃　8.4℃　　4.4℃　　0.5℃　　-3.4℃

图 4-15　幕墙中竖框计算结果实例

（七）整幅幕墙光学、热工性能计算

幕墙热工计算原理：

（1）单幅幕墙的传热系数 U_{CW} 应按下式计算：

$$U_{CW} = \frac{\sum U_g A_g + \sum U_p A_p + \sum U_f A_f + \sum \psi_g l_g + \sum \psi_p l_p}{\sum A_g + \sum A_p + \sum A_f} \qquad （4-34）$$

式中 U_{CW}——单幅幕墙的传热系数 $[W/(m^2 \cdot K)]$;

A_g——玻璃或透明面板面积（m^2）;

l_g——玻璃或透明面板边缘长度（m）;

U_g——玻璃或透明面板传热系数 $[W/(m^2 \cdot K)]$;

ψ_g——玻璃或透明面板边缘的线传热系数 $[W/(m \cdot K)]$;

A_p——非透明面板面积（m^2）;

l_p——非透明面板边缘长度（m）;

U_p——非透明面板传热系数 $[W/(m^2 \cdot K)]$;

ψ_p——非透明面板边缘的线传热系数 $[W/(m \cdot K)]$;

A_f——框面积（m^2）;

U_f——框的传热系数 $[W/(m^2 \cdot K)]$。

幕墙节点划分示例如图 4-16 所示。

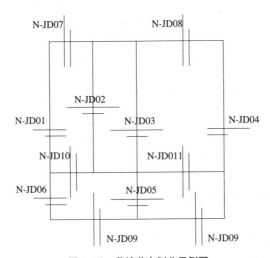

图 4-16 幕墙节点划分示例图

（2）当幕墙背后有其他墙体（包括实体墙、装饰墙等），且幕墙与墙体之间为封闭空气层时，此部分的室内环境到室外环境的传热系数 U 应按下式计算:

$$U = \cfrac{1}{\cfrac{1}{U_{CW}} - \cfrac{1}{h_{in}} + \cfrac{1}{U_{Wall}} - \cfrac{1}{h_{out}} + R_{air}}$$ （4-35）

式中 U_{CW}——在墙体范围内外层幕墙的传热系数 $[W/(m^2 \cdot K)]$;

R_{air}——幕墙与墙体间封闭空气间层的热阻，30mm、40mm、50mm 及

111

以上厚度封闭空气层的热阻取值一般可分别取为 0.17、0.18、0.18 $[(m^2 \cdot K)/W]$；

U_{Wall}——墙体范围内的墙体传热系数 $[W/(m^2 \cdot K)]$；

h_{in}——幕墙室内表面换热系数 $[W/(m^2 \cdot K)]$；

h_{out}——幕墙室外表面换热系数 $[W/(m^2 \cdot K)]$。

（3）幕墙背后单层墙体的传热系数 U_{Wall} 应按下式计算：

$$U_{Wall} = \cfrac{1}{\cfrac{1}{h_{out}} + \cfrac{d}{\lambda} + \cfrac{1}{h_{in}}} \qquad (4-36)$$

式中　d——单层材料的厚度（m）；

　　　λ——单层材料的导热系数 $[W/(m \cdot K)]$。

（4）幕墙背后多层墙体的传热系数 U_{Wall} 应按下式计算：

$$U_{Wall} = \cfrac{1}{\cfrac{1}{h_{out}} + \sum_i \cfrac{d_i}{\lambda_i} + \cfrac{1}{h_{in}}} \qquad (4-37)$$

式中　d_i——各单层材料的厚度（m）；

　　　λ_i——各单层材料的导热系数 $[W/(m \cdot K)]$。

（5）单幅幕墙的太阳光总透射比 g_{CW} 应按下式计算：

$$g_{CW} = \frac{\sum g_g A_g + \sum g_p A_p + \sum g_f A_f}{A} \qquad (4-38)$$

式中　g_{CW}——单幅幕墙的太阳光总透射比；

　　　A_g——玻璃或透明面板面积（m^2）；

　　　g_g——玻璃或透明面板的太阳光总透射比；

　　　A_p——非透明面板面积（m^2）；

　　　g_p——非透明面板的太阳光总透射比；

　　　A_f——框面积（m^2）；

　　　g_f——框的太阳光总透射比；

　　　A——幕墙单元面积（m^2）。

（6）单幅幕墙的遮阳系数 SC_{CW} 应按下式计算：

$$SC_{CW} = \frac{g_{CW}}{0.87} \qquad (4-39)$$

式中　SC_{CW}——单幅幕墙的遮阳系数；

g_{CW}——单幅幕墙的太阳光总透射比。

（7）幕墙单元的可见光透射比 τ_{CW} 应按下式计算：

$$\tau_{CW} = \frac{\sum \tau_v A_g}{A} \tag{4-40}$$

式中　τ_{CW}——幕墙单元的可见光透射比；

　　　τ_v——透光面板的可见光透射比；

　　　A——幕墙单元面积（m^2）；

　　　A_g——透光面板面积（m^2）。

（八）计算边界条件

（1）设计或评价玻璃幕墙定性产品的热工性能时，应统一采用《建筑门窗玻璃幕墙热工计算规程》JGJ/T151—2008 规定的标准计算。

（2）在进行实际工程设计时，门窗、玻璃幕墙热工性能计算所采用的边界条件应符合相应的建筑设计或节能设计标准的规定。

（3）冬季标准计算条件应为：

室内空气温度 T_{in}=20℃；

室外空气温度 T_{out}=−20℃；

室内对流换热系数 $h_{c,in}$=3.6W/（$m^2 \cdot K$）；

室外对流换热系数 $h_{c,out}$=16W/（$m^2 \cdot K$）；

室内平均辐射温度 $T_{rm,in}=T_{in}$；

室外平均辐射温度 $T_{rm,ou}=T_{out}$；

太阳辐射照度 I_s=300W/m^2。

（4）夏季标准计算条件应为：

室内空气温度 T_{in}=25℃；

室外空气温度 T_{out}=30℃；

室内对流换热系数 $h_{c,in}$=2.5W/（$m^2 \cdot K$）；

室外对流换热系数 $h_{c,out}$=16W/（$m^2 \cdot K$）；

室内平均辐射温度 $T_{rm,in}=T_{in}$；

室外平均辐射温度 $T_{rm,out}=T_{out}$；

太阳辐射照度 I_s=500W/m^2。

（5）传热系数计算应采用冬季标准计算条件，并取 I_s=0。计算框的传热系数时，边框的室外对流换热系数 $h_{c,out}$=8W/（$m^2 \cdot K$），边框附近玻璃边缘（65mm

内）的室外对流换热系数 $h_{c,out}=12W/(m^2 \cdot K)$。

（6）遮阳系数、太阳光总透射比计算应采用夏季标准计算条件。

（7）结露性能评价与计算的标准计算条件应为：

室内环境温度：20℃；

室内环境湿度：30%、60%；

室外环境温度：0、-10℃、-20℃；

室外对流换热系数：20W/（$m^2 \cdot K$）。

（8）框的太阳光总透射比 g_f 计算应采用下列边界条件：

$$q_{in}=\alpha \cdot I_s \qquad (4-41)$$

式中　α——框表面太阳辐射吸收系数；

　　　I_s——太阳辐射照度（W/m^2）；

　　　q_{in}——框吸收的太阳辐射热（W/m^2）。

玻璃幕墙的光学性能以及热工性能取决于玻璃板的种类以及框材隔热性能，避免铝合金或钢框成为冷/热桥。因此在保证室内采光的前提下（可见光透射比要求）应尽可能提高幕墙玻璃遮阳系数、传热系数。

第三节　玻璃幕墙隔声性能计算

随着我国经济建设的快速发展以及城市化进程的加速，很多种类的噪声在人们的日常生活中起到了极大的消极作用，给人们的身体健康、学习、工作以及生活的环境都带来了非常大的消极影响。噪声主要是建筑上的噪声、交通的噪声、工业的噪声以及日常生活中的噪声，各种各样的噪声长时间地出现在人们的生活中，会使人们的听力下降，从而诱发多种疾病，影响人们正常的生活和学习。空气声隔声是评价幕墙及其玻璃的隔声性能的主要方面。由于城市和郊区环境中都有着噪声的问题，幕墙的制造措施都必须有助于提高隔声性能才可以。

所谓隔声就是用建筑围护结构把声音限制在某一范围内，或者在声波传播的途径上用屏蔽物把它遮挡住一部分，这种做法称之为隔声。一般说来，这样隔掉的声音都是噪声，所以也称之为防噪。隔声一般分为两大类：其一是隔绝空气声，就是用屏蔽物如门、窗、墙等隔绝在空气中传播的声音；其二是隔绝楼板撞击声，它实际上是用标准打击器撞击楼板时，在楼板下边房间内产生的撞击声级。本节主要是叙述用玻璃幕墙如何隔绝空气声。

一、幕墙玻璃隔声特点

幕墙玻璃的隔声按照制作工艺的不同，大致上可以分为：真空玻璃、夹胶玻璃、中空玻璃这三大类，在隔声方面，它们各自有各自的特点。

真空玻璃和中空玻璃是有差别的，真空玻璃是由两层的平板玻璃构成，这两层玻璃中间是真空，生产真空玻璃的时候必须要在这两层玻璃中间垫上一定密度的支架。它具有热阻高的特点，是个很好的保温的产品。在隔声的方面，它的隔声效果并没有中空玻璃的隔声效果好，主要是因为抽完真空后，两片玻璃贴在一起，整体上构成了刚性，由于它的支撑托成了传声的声桥也就是固体传声，所以真空玻璃的隔声是有限的。单层玻璃的隔声量随着频率的增加而出现劲度控制、阻尼控制、质量控制和吻合谷等现象。在很低的频率范围，劲度起主要作用，隔声量随频率的增加而降低。

夹胶玻璃是安全玻璃的生产工艺，从它的隔声角度来说，夹层玻璃的中间膜非常的柔软并且很有弹性，就增加了夹层波阻尼的系数，从而提高了夹层玻璃的隔声量。

在隔声性能上，中空玻璃对高频噪声有非常好的隔声效果，比如人说话的声音、喇叭的声音，对于这类噪声中空玻璃隔声效果都是非常好的。但是，对于飞机声、火车噪声、汽车发动机声等这些噪声的效果不是特别的明显。中空玻璃对于高频噪声的隔声效果较好，但对于低频噪声的隔声效果一般。

二、玻璃幕墙隔声性能计算

当玻璃幕墙密封很好时，空气声是如何传过去的呢？建筑中空气声的传透过程是：当声波投射到围护结构上时，如图 4-17 所示，墙壁由于左侧入射的声波的疏密交替作用，除发生部分反射现象外，同时使墙像膜片一样产生受迫振动，有一受迫弯曲波沿墙传播，同时又引起构件右侧空气做同样的振动，这样声音就传透过去了。

薄而轻的墙比厚而重的墙在声波作用下容易产生振动而且振幅大，所以薄而轻的墙隔声性能差，即薄玻璃的隔声性能比厚玻璃的隔声性能差。低频声比高频声容易引起结构的振动，所以玻璃的高频隔声性能比低频好。当受迫振动

115

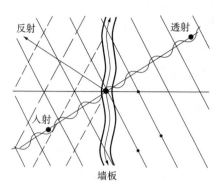

图 4-17 墙上弯曲波的激发与传播

产生的受迫弯曲波速度与墙本身固有的自由弯曲波速度相吻合时，声传透最大，即墙的隔声性能这时最差，这种现象称为吻合谷效应。满足吻合谷效应的最低频率称为临界频率。可以通过减少墙的厚度，在墙上做凹槽减少墙的劲度，或在墙上加一层软面层的措施，以提高临界频率。相反，可以通过在墙上加肋增加劲度的方法，降低临界频率，改善隔声效果。由此可见，构件对空气声的隔声性能与构件本身的质量、劲度、阻尼、声音的频率、构件的造型以及施工质量等因素有关。

人们在衡量任何一个物理量的时候，都要有相应的单位和方法，衡量一片玻璃隔声好坏的方法是用隔声量，单位用分贝数大小来表示，隔声量的分贝数越大，玻璃的隔声性能越好，否则就不好。

声波在空气中传播时遇到一片玻璃要发生如下的情况：一部分声能被反射，一部分声能透过玻璃传到第二个空间。反射的那部分声能这里不考虑，只考虑入射到玻璃上的总声能和透过玻璃的声能，分别用 $E_入$ 和 E 通来表示。把透过玻璃的声能与入射到玻璃上的总声能之比定义为投射系数，即：

$$t=E_通/E_入 \tag{4-42}$$

t 是小于 1 的数，在全投射的情况下 $t=1$。t 值一般为 10 的负几次方，t 值小，表明透过玻璃的声能少，它的隔声性能好；t 值大，表明透过玻璃的声能多，它的隔声性能差。因为 t 值是小数，使用起来不方便，因此用 t 的倒数取以 10 为底的对数，再乘以 10，这样所得的数值，就是用"分贝"为单位的隔声量（R），也称为传声损失。

$$R=10 \times \lg \frac{1}{t} \tag{4-43}$$

不同隔声量使人的感觉是不同的，如图 4-18 所示。

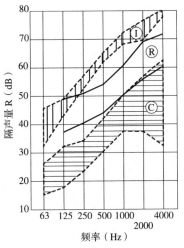

图 4-18　不同隔声量时人的主观反映

A—良好；B——般；C—恶劣

三、建筑玻璃隔声、防噪性能计算方法

（一）单片玻璃的隔声量

玻璃隔绝空气声的能力和哪些因素有关？与频率、劲度、阻尼、质量有关。对于单层玻璃，它的典型隔声频率特性曲线如图 4-19 所示。

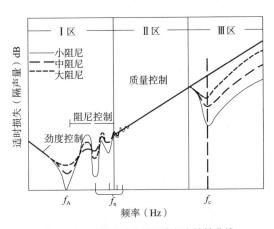

图 4-19　单层玻璃典型隔声频率特性曲线

由图 4-19 可见，单层玻璃的传声损失随着频率的增加而出现劲度控制、阻尼控制、质量控制和吻合谷等现象。在很低的频率范围，劲度起主要作用，单板的劲度由下式计算：

$$B = \frac{Et^3}{12\,(1-v^2)} \qquad (4\text{-}44)$$

式中　E——玻璃的弹性模量；

　　　t——玻璃板厚度；

　　　v——玻璃的泊松比。

在劲度控制范围内，传声损失随频率的增加而降低。随着频率继续增高而出现质量控制，在质量控制范围内，传声损失按每倍程 3 ~ 6dB 的斜率增加。在质量控制和劲度控制之间，可能出现劲度和质量效应相抵消而产生的共振现象，共振幅度随玻璃的阻尼大小而变，称为阻尼控制。单板的共振频率 f_r 由劲度 B、面密度 m 和板的尺寸所决定，即：

$$f_r = \frac{\pi}{2}\sqrt{\frac{B\left(\dfrac{p^2}{a^2}+\dfrac{q^2}{b^2}\right)}{m}} \qquad (4\text{-}45)$$

式中　a、b——玻璃板的两边边长；

　　　p、q——任意正整数。一般情况下，玻璃板的 f_r 低于日常的声频范围，因此，玻璃的隔声性能一般是由质量控制的。

在质量控制范围内以上则出现吻合效应，对于玻璃这样的薄板材料，吻合效应通常出现在主要听闻范围内。在临界频率处，传声损失出现隔声低谷，称为吻合谷。吻合谷随着玻璃阻尼的减少而加深，而且越过吻合谷之后，传声损失以每倍频程 10dB 斜率上升，然后逐渐减缓，又与质量控制时相一致。临界频率按下式计算：

$$f_r = \frac{c^2}{2\pi}\sqrt{\frac{m}{B}} \qquad (4\text{-}46)$$

式中　c——声速。

公式（4-46）可改写为：

$$f_r = \frac{c^2}{2\pi}\sqrt{\frac{m}{B}} = \frac{c^2}{2\pi}\sqrt{\frac{pt}{\dfrac{1}{12}\dfrac{Et^3}{(1-v^2)}}} = \frac{c^2}{2\pi}\sqrt{\frac{12\rho}{E}}\times\frac{1}{t} = \frac{1200}{t} \qquad (4\text{-}47)$$

式中　t——玻璃板厚（cm）。

上式表明，同一材料 f_c 值与板厚度成反比，当板厚度小于 5mm，则临界频率在 4000Hz 以上，隔声的吻合谷就不会出现在常用的声频范围。当板厚度大于 10mm，则吻合谷将发生在高频段，并将随板厚度的增加而逐渐推移到中频和低频段。

在质量控制范围内，在垂直入射条件下，隔声量与频率和质量的关系为：

$$R_e = 10\lg[1+(\frac{\pi mf}{\rho c})^2] = 20 \times \lg m + 20 \times \lg f - 43 \tag{4-48}$$

式中　ρ——空气的密度（kg/m^3）；

　　　c——空气中的声速（m/s）；

　　　m——玻璃的面密度（kg/m^2）；

　　　f——频率（Hz）。

式（4-48）就是垂直条件下的质量定律。它的推导公式这里不介绍了，但是在推导公式（4-48）所作的一些假设必须说明，因为这些条件是公式（4-48）的使用范围。这些假设条件是：

a. 声波垂直入射到玻璃上。

b. 需为单层玻璃。

c. 玻璃将空间分围两个半无限空间，而且玻璃的两侧均为通常状况下的空气。

d. 玻璃为无限大，即不考虑边界影响。

e. 把玻璃看成一个质量系统，即不考虑玻璃的刚性和阻尼。

f. 玻璃上的各点以相同的速度振动。

在满射入射条件下，公式（4-48）变为：

$$R = 20 \times \lg m + 20 \times \lg f - 48 \tag{4-49}$$

在实际生活中，玻璃的面积不可能无限大，而是有边界，有弹性，有阻尼，有损耗。因此按公式（4-49）计算的结果与实测值之间有差异，一般来说实测值的斜率达不到每倍频程 6dB，面密度增加一倍传声损失也提高不了 6dB。于是又有满射入射条件下的质量定律的经验公式，即：

$$\bar{R} = 18 \times \lg m + 12 \times \lg f - 25 \tag{4-50}$$

如果取 500Hz 时的隔声量近似作为平均值，则由公式（4-50）可得平均隔声量的经验公式，即：

$$\bar{R} = 13.5 \times \lg(m_1+m_2) + 13 + \Delta R \tag{4-51}$$

式中　m_1、m_2——两层玻璃的面密度。

附加隔声量如图 4-20 所示。

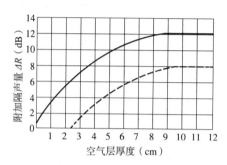

图 4-20　空气层附加隔声量

为什么有了空气层隔声量就提高了？这是因为声波入射到第一层玻璃上的时候，玻璃就产生"薄膜"振动，这个振动作用在空气层上，而被封闭的空气层是有弹性的，由于空气层的弹性作用将使振动衰减，然后再传给第二层玻璃，于是总的隔声量就提高了。

除此之外，中空玻璃的隔声还会因为发生共振而下降，中空玻璃与空气层组成一个振动系统，其固有频率 f_o 可由下式计算：

$$f_o = \frac{600}{\sqrt{l}} \sqrt{\frac{1}{M_1} + \frac{1}{M_2}} \tag{4-52}$$

式中　M_1、M_2——中空玻璃原片的面密度（kg/m^2）；

　　　　l——空气层的厚度（cm）。

当入射声波频率与 f_o 相同时，将发生共振，声能透过显著增加。只有当 $f > \sqrt{2} \times f_o$ 时，中空玻璃的隔声量才明显地提高。图 4-21 是中空玻璃的隔声量与频率的关系。虚线表示重量与两层玻璃总重量相等的单层玻璃隔声。用字母 c 表

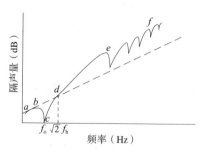

图 4-21　中空玻璃隔声与频率的关系

示第一个下降，相当于中空玻璃在基频上的共振，这时隔声量几乎减小到零。在声波频率比中空玻璃的固有频率低的 *ab* 段上，中空玻璃如同一个整体一样振动，因此与同样重量的单层玻璃的隔声没有区别。但声波频率大于中空玻璃的固有频率，如图 4-21 中的 *d*、*e*、*f* 段，隔声量明显增加。

（二）夹层玻璃的隔声量

夹层玻璃由于在两片玻璃之间夹有 PVB 胶片，因此不能将其作为单片玻璃来计算。PVB 胶片是黏弹性材料，消除了两片玻璃之间的声波耦合，极大地提高了玻璃的隔声性能。由于没有计算公式，夹层玻璃的隔声性能只能依靠测试。表 4-2 给出的结果是依据 ASTM E90 的测试结果。

夹层玻璃的隔声性能（dB）　　　　　　　　　　　　　表 4-2

玻璃规格（mm）	声波频率（Hz）								
	100	200	400	800	1000	1600	2000	4000	5000
3+0.76+3	24	28	30	35	35	36	35	43	45
4.5+0.76+4.5	27	30	33	36	36	34	37	49	52
6+0.76+6	25	30	34	37	37	37	41	51	53
6+1.52+6	26	30	35	38	38	38	41	51	54
12+1.52+6	29	32	36	37	37	44	47	56	57

由于夹层玻璃没有隔声量的计算公式，所以夹层中空玻璃也没有隔声量的计算公式，只能依据测试。表 4-3 给出的结果是依据 ASTM E90 的测试结果。

夹层中空玻璃的隔声性能（dB）　　　　　　　　　　表 4-3

玻璃规格（mm）	声波频率（Hz）								
	100	200	400	800	1000	1600	2000	4000	5000
6.35 夹层+12A+4.5	26	23	34	39	41	45	46	55	55
6.35 夹层+12A+6.35	28	24	34	42	43	44	41	52	56
6.35 夹层+12A+6.35 夹层	26	28	36	44	44	45	416	57	58

由表 4-3 可见，夹层中空玻璃的隔声性能最为优异。

（三）门窗隔声量

玻璃幕墙上既有窗，也有门，因此应计算门窗的隔声量。门窗的隔声量最主要取决于门窗的重量和门窗的构造，特别是门窗扇与门窗框之间的缝隙大小。在缝隙大的情况下，即使门窗的重量大，隔声效果也不好。

例如，有一 $1 \times 2m^2$ 的窗，其四周因施工和构造的关系出现平均 1mm 宽的缝隙。试问该窗的最大隔声量将限制在多少分贝？如果要求将此窗的隔声量提高到 28dB，缝隙应如何改进？

由式（4-43）知隔声量 $R=10\lg 1/\tau dB$，如果窗是由不同的透视系数 τ_1、τ_2、τ_3……τ_i 和不同的面积 S_1、S_2、S_3……S_i 构件组成时，窗的投射系数：

$$\tau = \frac{\tau_1 S_1 + \tau_2 S_2 + \tau_3 S_3 + \cdots\cdots + \tau_i S_i}{S_1 + S_2 + S_3 + \cdots\cdots + S_i} = \frac{\sum\limits_i \tau_i S_i}{\sum\limits_i S_i} \qquad （4-53）$$

一般可以近似地认为孔洞的投射系数 $\tau_1 \approx 1$（$R=0$），则本例中窗的投射系数为：

$$\tau = \frac{\tau_i S_i}{S}$$

由此可见，门窗隔声设计的关键在于缝隙的密封处理，由于一般门窗总存在隔声上的薄弱环节——缝隙，因此隔声量一般都较低。

（四）玻璃幕墙隔声

上面介绍了玻璃幕墙和门窗等构件本身的隔声量设计，而工程上常遇到是将这些构件组成一个组合墙，这时这堵组合墙的实际有效隔声量既不等于原来墙的隔声量，也不等于门或窗的隔声量，它的实际有效隔声量与组成它的各个构件的隔声量有关。

设组合墙隔构件的声波投射系数分别是 τ_1、τ_2、τ_3……τ_i，其面积分别是 S_1、S_2、S_3……S_i，组合墙的投射系数为：

$$\tau = \frac{\tau_1 S_1 + \tau_2 S_2 + \tau_3 S_3 + \cdots\cdots + \tau_i S_i}{S_1 + S_2 + S_3 + \cdots\cdots + S_i} = \frac{\sum\limits_i \tau_i S_i}{\sum\limits_i S_i}$$

组合墙的隔声量为：

$$R = 10\lg \frac{1}{\tau}$$

组合墙隔声量基本决定于门，所以如果幕墙上设有一般门时，则要求幕墙的隔声量比门窗隔声量大 15dB 左右足够了。

组合墙的隔声量也可按照"等传声量设计"的原则，使幕墙的隔声量略高于门或窗即可。如幕墙的投射系数为 τ_w，面积为 S_w，门的投射系数为 τ_d，面积为 S_d，按照等传声量设计原理，即 $\tau_w \times S_w = \tau_d \times S_d$，因此：

$$\tau_w = \frac{S_d}{S_w} \times \tau_d$$

即：

$$R_w = 10\lg \frac{S_w}{S_d} \times \frac{1}{\tau_d} = R_d + 10\lg \frac{S_w}{S_d} \quad dB \tag{4-54}$$

由上式可见，幕墙的隔声量等于门的隔声量，加上幕墙面积与门面积之比的对数乘以 10。

玻璃幕墙的隔声量取决于开启扇的密封性和玻璃板的种类，因此应尽可能提高玻璃幕墙和门窗的密封性，其次是选择玻璃。夹层玻璃的隔声、防噪性能是最好的，因此单纯从隔声、防噪性能考虑，夹层玻璃是首选。其次是中空玻璃，单片玻璃的隔声、防噪性能最差。当对玻璃的隔声防噪有特殊要求时，还可选择夹层中空玻璃，如机场的航站楼和候机厅。

第四节 玻璃幕墙结露性能评价

建筑工程中结露现象普遍存在，如幕墙内壁、温室大棚、冷水管道、建筑墙壁、汽车玻璃、空调机等都易产生结露。建筑幕墙的结露不仅影响视线，而且会损坏窗饰、墙面、地板等，给使用者和维护者带来很多烦恼，多年来一直困扰着幕墙行业。结露问题的主要原因是构成幕墙的材质不具备良好的保温性能，或幕墙的收边收口位置保温处理不当，导致室内较热的湿空气遇到较冷（达到露点温度）的幕墙内表面，水蒸气就会在幕墙的内表面上结晶成水滴，形成结露。结露的条件是空气具有一定的湿度，空气的温度高于结露物体表面的温度，并且结露物体表面的温度低于露点。在实际工程中，为了有效避免幕墙结露，需要进行幕墙的防结露计算及设计。

幕墙的防结露计算及设计可参照《建筑门窗玻璃幕墙热工计算规程》JGJ/T 151—2008 相关要求计算，主要包括以下内容：

一、露点温度的计算

（1）水表面（高于0℃）的饱和水蒸气压应按下式计算：

$$E_s = E_0 \times 10^{\frac{a \times t}{b+t}}$$

式中　E_s——空气的饱和水蒸气压（hPa）；

　　　E_0——空气温度为0℃时的饱和水蒸气压，取$E_0 = 6.11$hPa；

　　　t——空气温度（℃）；

　　　a、b——参数，$a = 7.5$，$b = 237.3$。

（2）在一定空气相对湿度f下，空气的水蒸气压e可按下式计算：

$$e = f \times E_s$$

式中　e——空气的水蒸气压（hPa）；

　　　f——空气的相对湿度（%）；

　　　E_s——空气的饱和水蒸气压（hPa）。

（3）空气的露点温度可按下式计算：

$$T_d = \frac{b}{\frac{a}{\lg(\frac{e}{6.11})} - 1}$$

式中　T_d——空气的露点温度（℃）；

　　　e——空气的水蒸气压（hPa）；

　　　a、b——参数，$a = 7.5$，$b = 237.3$。

二、结露的计算与评价

（1）在进行玻璃幕墙结露计算时，计算节点应包括所有的框、面板边缘及面板中部。

（2）面板中部的结露性能评价指标T_{10}应为采用二维稳态传热计算得到的面板中部区域室内表面的温度值；玻璃面板中部的结露性能评价指标T_{10}可采用按《建筑门窗玻璃幕墙热工计算规程》JGJ/T 151—2008第6章计算得到的室内表面温度值。

（3）框、面板边缘区域各自结露性能评价指标T_{10}应按照下列方法确定：

1）采用二维稳态传热计算程序，计算框、面板边缘区域的二维截面室内表面各分段的温度。

2）对于每个部件，按照截面室内表面各分段温度的高低进行排序。

3）由最低温度开始，将分段长度进行累加，直至统计长度达到该截面室内表面对应长度的 10%。

4）所统计分段的最高温度即为该部件截面的结露性能评价指标值 T_{10}。

（4）在进行工程设计或工程应用产品性能评价时，应以门窗、幕墙各个截面中每个部件的结露性能评价指标 T_{10} 均不低于露点温度为满足要求。

（5）进行产品性能分级或评价时，应按各个部件最低的结露性能评价指标进行分级或评价。

（6）采用产品结露性能评价指标 $T_{10,\min}$ 确定门窗、玻璃幕墙在实际工程中是否结露，应以内表面最低温度不低于室内露点温度为满足要求，可按下式计算判定：

$$\left(T_{10,\min}-T_{\mathrm{out,std}}\right)\times\frac{T_{\mathrm{in}}-T_{\mathrm{out}}}{T_{\mathrm{in,std}}-T_{\mathrm{out,std}}}+T_{\mathrm{out}}\geqslant T_{\mathrm{d}}$$

式中　$T_{10,\min}$——产品的结露性能评价指标（℃）；

　　　$T_{\mathrm{in,std}}$——结露性能计算时对应的室内标准温度（℃）；

　　　$T_{\mathrm{out,std}}$——结露性能计算时对应的室外标准温度（℃）；

　　　T_{in}——实际工程对应的室内计算温度（℃）；

　　　T_{out}——实际工程对应的室外计算温度（℃）；

　　　T_{d}——室内设计环境条件对应的露点温度（℃）。

第五章

幕墙通风与热环境

第一节　双层幕墙构造与节能性能

双层幕墙于 20 世纪八九十年代进入我国，近年来发展速度较快。目前，各种双层幕墙的系统均已出现，分布范围广且涉及建筑类型多：各类民用、工业；住宅、医院、学校、写字楼、商业设施均有广泛应用。双层幕墙的采用，对建筑舒适度的提升具有较为明显的效果，同时对建筑节能的发展具有广泛的意义。

双层幕墙尚在发展进程之中，尚有遮阳技术和节能的关系；节能和舒适度的关系；不同系统的双层幕墙（外通风、内通风、混合通风、单楼层式、多楼层式、井道式）在全国各地适应程度等问题。这些深层次的关键技术在今后的设计实践中、施工实践中、运营实践中逐步解决。

一、双层幕墙的定义与基本工作原理

双层呼吸式玻璃幕墙广义上包括玻璃幕墙、通风系统、空调系统、环境监测系统和楼宇自动控制系统。目前，随着建筑智能化、物联网技术的迅速发展，建筑幕墙也越来越智能。

双层幕墙由外层幕墙、热通道和内层幕墙（或门、窗）构成，可在热通道内形成空气有序流动的建筑幕墙。

从设计构思、内容组成和工作过程各方面看，双层幕墙是一个各专业协调合作的多功能系统。它不仅有玻璃支撑结构，还包括建筑内部分环境控制和建筑服务系统，双层通风幕墙的基本特征是双层幕墙和空气流动、交换，其技术核心是一种有别于传统幕墙的特殊幕墙——热通道幕墙。

二、双层幕墙构造及特点

（一）幕墙的构造与分类

双层幕墙共两层，且两层都应该是幕墙结构，其构造需要有两个必要条件：只有内外两层均为幕墙的构造才能称其为双层幕墙。外层幕墙通常采用点支式玻璃幕墙、明框玻璃幕墙或是隐框玻璃幕墙，内层幕墙通常采用明框玻璃幕墙、隐框玻璃幕墙，为增加幕墙的通透性，也有内外层幕墙都采用点支式玻璃幕墙结构的。在内外层幕墙之间，有一个宽度通常为几百毫米的通道，在通道的上下部位分别有出气口和进气口，空气可从下部的进气口进入通道，从上部的出气口排出通道，形成空气在通道内自下而上的流动，同时将通道内的热量带出通道，所以双层幕墙也称为热通道幕墙，或呼吸式幕墙，如图5-1、图5-2所示。

图 5-1　双层幕墙（呼吸式幕墙）

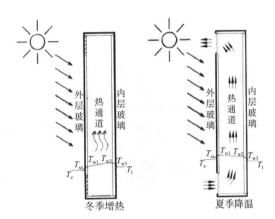

图 5-2　双层玻璃幕墙热通道节能示意图

1. 内循环式

外层幕墙封闭，内层幕墙与室内有通道连通，使得双层幕墙通道内的空气可与室内空气进行循环。外层幕墙玻璃通常采用中空玻璃，内层幕墙玻璃通常采用单片玻璃，如图5-3所示。

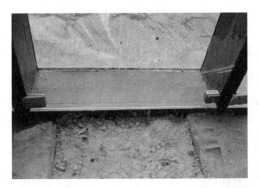

图 5-3　内循环式双层幕墙

2. 外循环式

外循环式幕墙内层幕墙封闭，外层幕墙与室外有通道连通，使得双层幕墙通道内的空气可与室外空气进行循环。内层幕墙玻璃通常采用中空玻璃，外层幕墙玻璃通常采用单片玻璃。外循环式双层幕墙通常可分为整体式、廊道式、通道式和箱体式。

（1）整体式：空气从底部进入，空气从顶部排出，空气在通道中没有分隔，气流方向为从底部到顶部，如图5-4所示。

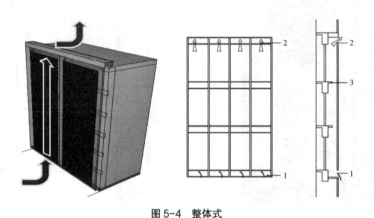

图5-4　整体式

1—进气道；2—出气道；3—空气流动通道

（2）廊道式：每层设置通风道，层间水平有分隔，无垂直换气通道，双层幕墙错层进出，如图5-5所示。

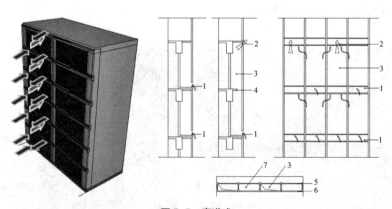

图5-5　廊道式

1—进气道；2—出气道；3—空气流动通道；4—水平隔断；5—幕墙内侧玻璃；6—幕墙外侧玻璃；7—隔断空腔

（3）通道式:空气从开启窗进入,空气从风道中排除,层间共用一个通风道,如图 5-6 所示。

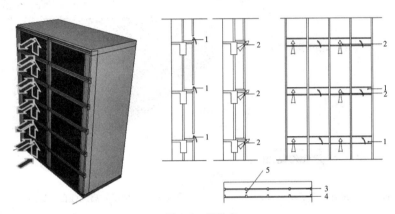

图 5-6　通道式

1—进气道;2—出气道;3—幕墙内侧玻璃;4—幕墙外侧玻璃;5—竖向隔断

（二）双层幕墙的热工性能

双层幕墙最大的优点就表现在热工性能上,分歧最大的也在热工性能上。

双层幕墙有明显的温室效应,顾名思义,温室效应即是双层幕墙通道能形成热屏蔽,冬季能阻止室内的热量流向室外,夏季能阻止室外的热量流向室内,使得室内处于较恒定的热环境中。

首先,在炎热的夏季,双层幕墙中通道里的进气口和出气口全部打开,由于烟窗效应,空气将在通道中自下而上的运行,在空气运行过程中,将通道内的热量带出通道,使得内层幕墙处于较低的温度环境中,阻止了热量由室外流向室内,这是双层通道幕墙温室效应的表现形式之一,如图 5-7 所示。但是这种温室效应是动态的、随机的,只能定性描述,目前还无法定量计算,即使采用计算软件模拟计算,其结果的准确性也不好评价。

如果双层幕墙内的空气不能及时地将通道内的热量带走,通道内的温度就会逐渐升高,通常会达到 50 ~ 60℃,甚至更高,这也是认为双层幕墙不节能看法形成的基础。但认为双层幕墙节能的看法刚好相反,即使双层幕墙通道内空气不循环,双层幕墙也是节能的,而且通道内温度越高,节能效果越好,因为它把原本应该进入室内的太阳辐射热留在了通道内,并将其中的一部分传到室外,其结果是进入室内的太阳辐射热减少。同时,由于双层幕墙通道内温度较高,甚至会超过室外空气温度,在此情况下,原本环境热量应该由室外传向室内,现在变为通道内的热量由通道传向室外，环境热量不能进入室内，即双层幕墙的通道形成了热位垒，室外热量无法穿越（图5-8）。

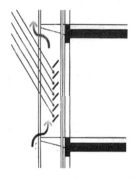

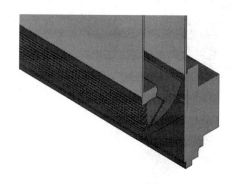

图5-7　温室效应表现形式之一　　　　图5-8　通风口开启加强自然通风

　　夏天双层幕墙的遮阳系数比单层幕墙的遮阳系数小，降低了夏季环境制冷的能耗，也就是说在夏季，双层幕墙的节能率大于57%。在冬季，设阳光的辐射强度为 I，单层幕墙的遮阳系数 $S_{c1}=0.72$，双层幕墙的遮阳系数 $S_{c2}=0.57$。由于双层幕墙减少阳光进入室内，增加了室内的采暖负荷。

　　其次，在冬季，双层幕墙通道里的进气口和出气口全部关闭，通道中的空气静止，在阳光的照射下，通道中的空气将有较大的温升，使得内层幕墙处于较高的温度环境中，阻止了热量由室内流向室外，这是双层通道幕墙温室效应的表现形式之二，如图5-9所示。但是这种温室效应是动态的、随机的，只能定性描述，目前还无法定量计算，即使采用计算软件模拟计算，其结果的准确性也不好评价（图5-10）。

图5-9　温室效应表现形式之二　　　　图5-10　冬季出风口闭合增强温室效应

第三，幕墙的传热系数比单层幕墙的传热系数降低很多，阻止了室内外环境热量的交换，这是双层幕墙温室效应的表现形式之三。双层幕墙的传热系数是可以定量计算的，首先按《建筑玻璃应用技术规程》JGJ 113—2015 可分别计算出两层幕墙玻璃的热阻，但应注意，在计算内层幕墙玻璃的热阻时，其室外表面换热系数应取室内表面换热系数。空气层的热阻可按《民用建筑热工设计规范》GB 50176—2016 取值，需要说明的是，当空气层间距大于 60mm 时，空气层的热阻不变，这是因为随着空气层间距的加大，空气层的热传导将导致空气层热阻的增加，但空气层对流也随之加剧，导致空气层热阻的降低，两种作用互抵，空气层的热阻保持不变。双层幕墙的热阻按公式（5-1）计算：

$$R = R_1 + R_2 + R_3 \qquad (5-1)$$

式中 R——双层通道幕墙的热阻；

　　　R_1——外层幕墙的热阻；

　　　R_2——内层幕墙的热阻；

　　　R_3——空气层的热阻，依据《建筑门窗玻璃幕墙热工计算规程》JGJ/T 151-2008 简化计算可取 0.18（m²·K）/W。

双层幕墙的传热系数为 1/R。例如双层通道幕墙的外层为 19mm 单层玻璃，空气层为 500mm，内层幕墙为（8+12A+8）mm 中空玻璃，双层幕墙的传热系数为 1.2W/（m²·K）。而仅由内层幕墙构成的单层幕墙的传热系数为 2.8W/（m²·K），双层幕墙的节能效果明显可见。

在温暖的春季和秋季，室内既不必采暖，也不必制冷，因此不涉及耗能问题，也就谈不上节能问题，耗能和节能是针对寒冷的冬季和炎热的夏季的。双层幕墙由于其传热系数比单层幕墙的传热系数低，空气渗透性能比单层幕墙优良，因此双层幕墙比单层幕墙节能。

由于双层幕墙设计时往往在通道中设置遮阳系统，使得双层幕墙的遮阳效果更好，因此双层幕墙的节能效果夏季更好。但遮阳系数是双刃剑，特别是玻璃和固定遮阳系统的遮阳效果是不可调整的，遮阳效应夏季是正作用，冬季是副作用，因此从节能效果考虑，玻璃幕墙的传热系数越低越节能，但遮阳系数并不是越低越节能，因为随着遮阳系数的降低，一定伴随着玻璃幕墙可见光透过率的降低，增加室内的照明能耗；同时随着遮阳系数的降低，也会增加冬季的采暖能耗，因此遮阳系数适度最节能。

（三）幕墙的隔声性能

计权隔声量是可以测量的，平均隔声量是可以计算的，即幕墙的隔声性能可完全定量分析。幕墙的平均隔声量按下式计算：

通过大量实际工程检测，对于由（8+12A+8）mm 中空玻璃组成的单层幕墙，其平均隔声量约为 38dB。对于由外层为 19mm 单玻，空气层为 500mm，内层幕墙为（8+12A+8）mm 中空玻璃组成的双层幕墙，其平均隔声量为 47dB，双层幕墙的隔声性能明显优于单层幕墙。双层幕墙隔声性能优异的原因有两个：其一是按质量定律，多一层幕墙玻璃将增加幕墙面密度，因此隔声量增加；其二是增加空气层的厚度，从而增加空气对声波振动的衰减作用，隔声量增加。

（四）烟囱效应

双层幕墙在阳光照射下，通道内的空气将有温升。空气在通道内的时间越长，温升越大。因此，在通道内的空气将存在温度梯度，即 $\Delta T \neq 0$。上部温度高，下部温度低；上部空气密度小，下部空气密度大；上部空气压力小，下部空气压力大。在上下空气压差的作用下，通道内的空气将上升，这就是双层幕墙的烟囱效应。

（五）幕墙的环境舒适性

由于双层幕墙外循环系统可以通过通道为室内更换新鲜空气，通道的存在为改善更换空气的质量提供了条件。例如影响北方空气质量的污染物主要是可吸入颗粒物，可在通道的进气口安置静电滤尘网或过滤 PM2.5 的装置，也可在通道进气口的下方对空气进行喷雾，既使得进入室内的空气清新，同时又改善了室内的湿度，提高了居室的舒适度，如图 5-11 所示。

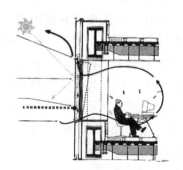

图 5-11　通道为室内更换新鲜空气

由于双层幕墙的传热系数比单层幕墙的传热系数低很多，因此在相同条件下，双层幕墙室内侧的表面温度夏季会比单层幕墙的低，冬季会比单层幕墙的高，人站在幕墙边温度的舒适感会好很多。

我们居住的城市环境噪声日益增加，严重地影响室内人们的工作和生活，因此人们尽量增加建筑外围护结构的隔声量，以获得安静的环境。双层幕墙的隔声量比单层幕墙高很多，因此隔声性能优异也是双层幕墙环境舒适性的表象之一。

双层幕墙从设计构思、内容组成和工作过程各方面看，都是一个各专业协调合作的多功能系统，它与单层玻璃幕墙有很大差别，不仅有玻璃支撑结构，还包括建筑内部环境控制和建筑服务系统，通过双层幕墙可以控制室内光线，提供通风。因此相对单层幕墙来说对日常使用和维护提出了更高的要求。

双层幕墙的使用原则是根据双层幕墙的原理充分发挥其先进性能。如在夏季和室外气温高于室内温度时，应考虑将进风口百叶打开，同时打开顶部通风口的开启扇，进风口百叶和顶部通风口的开启扇的角度应根据实际情况确定。在冬季或室内温度高于室外温度时，关闭进风口百叶和顶部通风口的开启扇。遮阳百叶的角度可根据阳光强度和室内采光的需要调整。进风口喷水池在温度较高的季节应当保持有水状态，注意注水并保持清洁。在冬季结冰天气来临之前，应将水池中的水排出，防止水池冻坏。应保持幕墙各部分完好，定期清洁、维护进风口、出风口、百叶系统、幕墙系统。

三、双层幕墙的设计要求

（一）节能及舒适性设计要求

双层幕墙应满足国家现行标准《公共建筑节能设计标准》GB 50189—2015和《严寒和寒冷地区居住建筑节能设计标准》JGJ 26—2010 的相关要求。目前相关主要设计要求如下：

（1）双层幕墙应根据不同的建筑气候分区合理配置双层幕墙的通风类型及遮阳装置。

（2）双层幕墙宜具备室内外自然通风换气功能，并有效利用热通道对新风、废气进行预冷或预热处理，降低能耗损失。

（3）外通风双层幕墙的设计应合理利用热通道内空气热浮力所产生的压差，减少热堆积，提高节能效果。

（4）双层幕墙应合理配置和使用遮阳装置，满足不同季节、不同工况下的使用要求。中间遮阳装置的设计选用应与热通道通风设计相匹配，应有利于合理控制太阳辐射得热、改善室内热舒适性，并满足视觉舒适性的要求。

（5）外通风双层幕墙内层幕墙的玻璃面板宜采用中空 Low-E 玻璃；内通风双层幕墙外层幕墙的玻璃面板宜采用中空玻璃。

（6）有保温要求的建筑采用外通风双层幕墙形式时，进风口与出风口宜通过自动控制装置实现可开启和关闭。

（7）有较高保温要求的建筑外立面不宜采用开放式双层幕墙的型式。

（8）室内排风管道的外表面应采取有效的保温、隔热措施。

（9）单楼层式双层幕墙在每层隔断处应有保温措施。

（10）内通风双层幕墙的热通道宽度不宜大于 300mm。

（二）通风设计要求

（1）内通风双层幕墙应采用机械通风的设计方式，排风机械风口、幕墙入风口的规格尺寸应与设计风速相匹配，通风过程中不应产生哨声。

（2）内通风双层幕墙热通道内排风量的设计应综合考虑热舒适性要求和节能要求进行设计，并与暖通空调系统结合设计。

（3）内通风双层幕墙热通道内的平均风速设计值应综合考虑热舒适性要求和节能要求进行选取，并满足热通道排风量的规定。同一建筑中不同立面的内通风双层幕墙，热通道内的平均风速应独立进行设计，东立面、西立面应适当增加排风量。

（4）外通风双层幕墙热通道的空气流动应根据热工性能设计的要求，选择自然通风或机械通风的型式。

（5）外通风双层幕墙应根据建筑立面要求、热工性能、舒适度要求、防火要求、隔声要求，确定热通道的通风高度。

（6）外通风双层幕墙下层排风口不应与上层进风口在同一垂直线上紧邻布置，下层排风口与上层进风口可采用交错布置的型式。

（7）双层幕墙热通道应合理设计气流路线，进出风口位置宜设置导流装置。

（8）外通风双层幕墙宜通过在内层幕墙设置开启扇的型式进行室内外的自然通风换气。内通风双层幕墙宜通过设置室外开启扇或通风器的方式进行室内外的自然通风换气。

（9）双层幕墙通风设计中，内通风双层幕墙采用机械通风设计方式时，通风设备应采用带热交换的新风设备。

（三）通风设计要求

（1）双层幕墙的遮阳设计应根据建筑物的地理位置、气候特征、建筑功能、双层幕墙的通风类型、透明双层幕墙的朝向等因素选择适合的遮阳装置。并符合现行行业标准《建筑遮阳工程技术规范》JGJ 237—2011 的相关要求。

（2）双层幕墙宜在热通道内设置活动遮阳装置。并根据冬季保温、夏季隔热及采光的要求控制遮阳装置的工作状态。

（3）双层幕墙热通道内的中间遮阳装置宜安装在热通道腔体厚度的 1/3 处，并靠近室外一侧。

（4）遮阳装置的设置不应影响双层幕墙热通道内的空气有效流动，且在热通道内流动空气的作用下，遮阳装置不应产生明显晃动和噪声。

（5）双层幕墙用遮阳产品，其控制系统应满足现行行业标准《建筑遮阳产品电力驱动装置技术要求》JG/T 276—2010、《建筑遮阳产品用电机》JG/T 278—2010、《建筑遮阳通用技术要求》JG/T 274—2018 的要求。

（6）双层幕墙用电动开启窗，其控制系统应满足现行行业标准《电动采光排烟天窗》GB/T 28637—2012 的要求。

（四）热工指标

（1）双层幕墙热工设计应与地区气候相适应。建筑热工设计分区及设计要求应符合现行国家标准《民用建筑热工设计规范》GB 50176—2016 的规定。

（2）双层幕墙热工计算室内环境条件应按国家现行标准的规定取用，室外环境条件可参照现行国家标准《民用建筑热工设计规范》GB 50176—2016 取用或根据工程所在地最新气象资料取用。

（3）内通风双层幕墙热通道出风口的空气体积流量设计值不应超过室内新风量的 80%。

（4）双层幕墙，传热系数及遮阳系数的限值应满足国家现行节能规范对节能设计的要求及设计要求。传热系数及遮阳系数为包括面板（透明及非透明）、金属框架在内的单一朝向双层幕墙整体系数。

（5）双层幕墙内层幕墙（含门窗）内表面的温度不应低于室内空气露点温度。

四、双层幕墙的热工计算

（1）双层幕墙整体的传热系数、遮阳系数应采用各部件的相应数值进行加权平均计算。

（2）双层幕墙计算的边界和单元划分应根据其不同的通风布置方式而采取不同的划分方式。一个计算单元应包括完整的进出风组成部分。

（3）双层幕墙可选取不同时刻的不同室外条件进行传热及遮阳计算。

（4）传热系数的计算，仅考虑室内外温差，不考虑太阳辐射作用，其室内外环境计算条件应按要求进行选取。单一朝向的双层幕墙在计算单元内的单一时刻传热系数 U 应按下式计算：

$$U = \frac{\sum U_g A_g + \sum U_p A_p + \sum U_f A_f + \sum \psi_g l_g + \sum \psi_p l_p}{\sum A_g + \sum A_p + \sum A_f} \tag{5-2}$$

式中　U——单一朝向通风双层幕墙综合传热系数 $[W/(m^2 \cdot K)]$；

　　　U_g——双层幕墙玻璃或透明面板传热系数 $[W/(m^2 \cdot K)]$；

　　　A_g——玻璃或透明面板面积（m^2）；

　　　U_p——双层幕墙非透明面板传热系数 $[W/(m^2 \cdot K)]$；

　　　A_p——非透明面板面积（m^2）；

　　　U_f——框传热系数 $[W/(m^2 \cdot K)]$；

　　　A_f——框面积（m^2）；

　　　ψ_g——双层幕墙玻璃或透明面板边缘的线传热系数 $[W/(m^2 \cdot K)]$；

　　　l_g——玻璃或透明面板边缘长度（m）；

　　　ψ_p——非透明面板边缘的线传热系数 $[W/(m^2 \cdot K)]$；

　　　l_p——非透明面板边缘长度（m）。

（5）双层幕墙玻璃或透明系统的传热系数 U_g 可按下式计算：

$$U_g = \frac{Q_g}{t_i - t_o} \tag{5-3}$$

$$Q_g = h_{ni}(t_{ni} - t_i) \tag{5-4}$$

式中　Q_g——无太阳辐射时单位时间通过内层幕墙内表面玻璃单位面积的热流量（W/m^2）；

　　　t_i——室内计算温度（℃）；

　　　t_o——室外计算温度（℃）；

　　　h_{ni}——双层幕墙内层幕墙（第 n 层）内表面的换热系数 $[W/(m^2 \cdot K)]$；

　　　t_{ni}——双层幕墙内层幕墙（第 n 层）内表面温度（℃）。

（6）框的传热系数及框与面板接缝的线传热系数应采用二维稳态热传导计

算方法进行计算。

（7）自然通风条件下的外通风双层幕墙，其热工性能可采用流体力学公式模拟计算。

（8）单一朝向的单幅双层幕墙遮阳系数 SC 应按下式计算：

$$SC_{cw} = \frac{g_{cw}}{0.87} \qquad （5-5）$$

式中　SC_{cw}——双层幕墙遮阳系数；

　　　g_{cw}——双层幕墙太阳光总透射比。

（9）单一朝向的单幅双层幕墙太阳光总透射比 g_{cw} 应按下式计算：

$$g_{cw} = \frac{\sum g_g A_g + \sum g_p A_p + \sum g_f A_f}{A} \qquad （5-6）$$

式中　g_{cw}——双层幕墙太阳光总透射比；

　　　g_g——双层幕墙玻璃或透明面板太阳光总透射比；

　　　A_g——玻璃或透明面板面积（m^2）；

　　　g_p——双层幕墙非透明面板太阳光总透射比；

　　　A_p——非透明面板面积（m^2）；

　　　g_f——框的太阳光总透射比；

　　　A_f——框的面积（m^2）；

　　　A——单一朝向的单幅双层幕墙的面积（m^2）。

（10）双层幕墙玻璃系统的太阳光总透射比 g_g 应按下式计算：

$$g_g = \tau_s + q_{in} \qquad （5-7）$$

式中　g_g——双层幕墙玻璃或透明面板太阳光总透射比；

　　　τ_s——双层幕墙玻璃或透明面板太阳光直接透射比；

　　　q_{in}——双层幕墙玻璃或透明面板向室内的二次热传递系数。

（11）双层幕墙框的太阳光总透射比 g_f 应按下式计算：

$$g_f = \alpha_f \cdot \frac{U_f}{\dfrac{A_{surf}}{A_f} h_{out}} \qquad （5-8）$$

式中　g_f——双层幕墙框的太阳光总透射比；

　　　α_f——框的太阳辐射吸收系数；

　　　U_f——框的传热系数；

　　　A_{surf}——框的外表面面积（m^2）；

A_f——框的投影面积（m^2）。

（12）空气的露点温度应按下式计算：

$$T_d = \frac{b}{\dfrac{a}{\lg \dfrac{e}{6.11}} - 1}$$

（5-9）

式中　T_d——空气的露点温度（K）；

　　a、b——参数，对于水面（$t > 0℃$），$a = 7.5$，$b = 237.3$；对于冰面（$t \leq 0℃$），$a = 9.5$，$b = 265.5$；

　　e——在空气相对湿度 f 下空气的水蒸气压，可按下式计算：

$$e = f E_s$$

　　f——空气的相对湿度（%）；

　　E_s——水（冰）表面的饱和水蒸气压，可按下式计算：

$$E_s = E_0 \times 10^{\left(\frac{a \times t}{b + t}\right)}$$

　　E_0——空气温度为 0℃时的饱和水蒸气压，可取 $E_0 = 6.11 \text{hPa}$。

（13）双层幕墙传热阻应按下式计算：

$$R_{0,\min} = \frac{(t_i - t_e)\, n}{\Delta t} R_i$$

（5-10）

式中　$R_{0,\min}$——双层幕墙传热阻 [（$m^2 \cdot K$）/W]；

　　t_i——冬季室内计算温度（℃）；

　　t_e——冬季室外计算温度（℃）；

　　n——温差修正系数，按《民用建筑热工设计规范》GB 50176—2016 的规定采用；

　　Δt——室内空气与围护结构内表面温差（K）；

　　R_i——内表面换热阻。

（14）双层幕墙综合遮阳系数应按下式计算：

$$SC = SC_1 \cdot SC_2 \cdot SD_H \cdot SD_v \cdot SD$$

（5-11）

$$SD_H = a_b PF^2 + b_n PF + 1$$

$$SD_v = a_v PF^2 + b_v PF + 1$$

$$PF = \frac{A}{B}$$

式中　SC——总遮阳系数；

　　　SC_1——外层幕墙遮阳系数；

　　　SC_2——内层幕墙遮阳系数；

　　　SD_H——水平遮阳板夏季外遮阳系数；

　　　SD_v——垂直遮阳板夏季外遮阳系数；

　　　SD——百叶完全闭合时遮阳系数；

　　　PF——遮阳板外挑系数，当计算值 $PF>1$ 时，取 $PF=1$；

　　　A——遮阳板外挑长度，按《公共建筑节能设计标准》GB 50189—2015 的规定采用；

　　　B——其中遮阳板根部到幕墙透明部分对边的距离，按《公共建筑节能设计标准》GB 50189—2015 的规定采用；

a_b、b_n、a_v、b_v——计算系数，按《公共建筑节能设计标准》GB 50189—2015 的规定采用。

第二节　双层幕墙自然通风简化计算

内通风双层幕墙和外通风双层幕墙的通风方式采用建筑自然通风、空调系统同步设计，满足室内舒适度要求。

为了保证节能效果，我国的暖通和空气调节设计规范规定，在实际计算时仅考虑热压作用，风压一般考虑采用公式：$\Delta P=0.5\rho v^2$。

但实际上负压与热压是共同作用实现风的内循环，它们之间往往互为补充，密不可分。在热压和负风压综合作用下的空气内循环中比较复杂，什么时候相互加强，什么时候相互削弱，验证以用定量的数学表达式体现。在实际工程设计时，采用电控系统经过详细计算风内循环规律转成电信号控制电动送风装置。

本节以简单理论计算，简要说明双层幕墙通风原理，在设计时建议采用有限差分法、有限元法和边界元法利用计算机进行模拟分析与计算。

一、风口压力差计算

室内风口处两侧压力差主要取决于空气流过风口时的速度，可通过在不同室外环境实测得到，依据如下公式计算：

$$\Delta P = \xi \cdot V^2 \rho / 2 \qquad (5\text{-}12)$$

式中　ΔP——室内风口两侧压力差（Pa）；

　　　V——空气流过风口时的流速（m/s）；

　　　ρ——空气的密度（kg/m²）；

　　　ξ——风口的局部阻力系数，取 0.35。

式（5-11）可改为：

$$v = \mu \cdot (2\Delta P)\, 1.5 / 0.2\rho \qquad (5\text{-}13)$$

式中　μ——风口流量系数，它的大小同风口结构有关，一般小于 1，可通过实验测得，$\mu = 0.618$。

二、空气流量计算

单位时间进、出风量 $\Delta V_{进}$、$\Delta V_{出}$ 计算公式：　　　　　　　　　　（5-14）

$$\Delta V_{进} = v_{进} \cdot A_{进}$$

$$\Delta V_{出} = v_{出} \cdot A_{出}$$

式中　$\Delta V_{进}$——进风口单位时间进风量（m³/s）；

　　　$v_{进}$——进风口空气流动速度（m/s）；

　　　$A_{进}$——进风口有效面积（m²）；

　　　$\Delta V_{出}$——出风口单位时间进风量（m³/s）；

　　　$v_{出}$——出风口空气流动速度（m/s）；

　　　$A_{出}$——出风口有效面积（m²）。

现场测量幕墙开口面积如图 5-12 所示。

三、空气层压力计算

通道内空气产生压力的原因主要是由热压作用引起的进出风口处空气密度的变化，进而产生压差，计算可按照下列公式（5-15）计算 [简化计算参照公式（5-16）]：

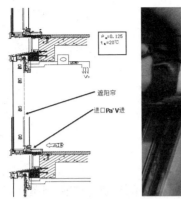

图 5-12 现场测量幕墙开口面积

$\Delta P_b = P_a{}' - P_b$

$\quad = (P_a{}' - gh\rho_a) - (P_a - gh\rho_b)$

$\quad = (P_a{}' - P_a) + gh(\rho_a - \rho_b)$

$\Delta P = \Delta P_b - \Delta P_a$

$\quad = gh(\rho_b - \rho_a)$

依据质量守恒公式，进入管道口处 V_2 满足 $\rho_1 V_1 F_1 = \rho_2 V_2 F_2$。

即 $V_1 F_1 = V_2 F_2$。

为了便于计算，将空气密度转化为温度的参数。

$$\Delta P = gh(\rho_b \cdot T/T_b - \rho_a \cdot T/T_a)$$

式中　g——重力加速度，取 9.8m/s^2；

　　　h——进出风口高度差（m）；

　　　ρ——绝对温度为 273K 时密度，取 1.293kg/m^2；

　　　T——绝对温度 273K；

　　　T_a——外界的绝对温度（K）；

　　　T_b——空气层的绝对温度（K）。

$\Delta P = 9.8 \times h[1.293 \times 273 / (273 + T_a) - 1.293 \times 273 / (273 + T_b)]$

$\quad = 3463h(T_b - T_a) / (273 + T_a)(273 + T_b)$　　　　　　（5-15）

当 T_a、T_b 同 10℃相差不是很大时，可近似为：

$$\Delta P = 0.043h(T_b - T_a) \qquad （5-16）$$

式中　T_a——外界的绝对温度（K）；

　　　T_b——空气层的绝对温度（K）；

　　　h——进出风口高度差（m）。

新风换气时间 t_0 计算公式：

$$t_0 = \frac{v_{新风}}{\Delta V_{进}}$$

式中　$v_{新风}$——室内所需新风量（m³）；

　　　$\Delta V_{进}$——单位时间进风量（m³/s）。

以上有关双层幕墙的热工计算及自然通风的计算是有限制条件的。热工计算公式是基于稳定状态下推导出来的，它的计算结果同国外动态计算方法得出的结果有时候有一定差异。

因此，本节内容在理论计算的基础上有时需要计算机模拟和实验来验证及修正一些相关参数，使之更符合工程实际情况。

第三节　双层幕墙自然通风计算机模拟计算介绍

一、数学计算方法和湍流模型

对于双层幕墙自然通风的 CFD 模拟类问题，推荐采用有限体积法、二阶迎风差分格式和 Simple 算法进行数值计算，并采用 Boussinesq 假设计算空气热浮升效应。由于双层空腔区域的气流流速较低，因此推荐采用低雷诺数 $k\text{-}\varepsilon$ 湍流模型。

二、计算域和边界条件

为了准确计算室外风压对双层皮通风的影响，CFD 模型的计算域由双层皮区域和室外风场组成。室外风场区域的来流边界根据气象参数设为梯度风入口流速边界，出流边界设为零压出口，顶部设为对称边界。双层皮区域的各壁面设为无滑移壁面边界，采用射线追踪法计算太阳辐射得热，采用杰伯哈特方法计算吸收因子以计算长波辐射换热，并根据上述辐射换热计算结果指定壁面散热量以计算壁面与空气间的对流换热，如图 5-13 所示。

三、算域和网格划分

　　CFD 模型中室外风场和双层皮区域构成的计算域如图 5-14 所示。根据实际设计要求设置百叶的开启角度为 45° 斜向角度，所以标准 CFD 模型中采用非结构化网格以保证数值计算的稳定性和气流的计算精度。可简化采用模型，以减少网格数量。

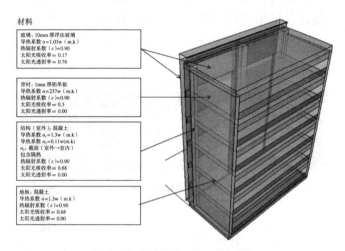

材料

玻璃: 10mm 厚浮法玻璃
导热系数 α=1.03w (m.k)
热辐射系数 (ε)=0.90
太阳光吸收率= 0.17
太阳光透射率= 0.76

背衬: 1mm 厚铝单板
导热系数 α=237w (m.k)
热辐射系数 (ε)=0.90
太阳光吸收率= 0.3
太阳光透射率= 0.00

结构 (室外): 混凝土
导热系数 α_1=1.3w (m.k)
导热系数 α_2=0.11w(m.k)
α_2: 截面 (室外→室内)
包含隔热
热辐射系数 (ε)=0.90
太阳光吸收率= 0.68
太阳光透射率= 0.00

地板: 混凝土
导热系数 α=1.3w (m.k)
热辐射系数 (ε)=0.90
太阳光吸收率= 0.68
太阳光透射率= 0.00

图 5-13　建立模型、设置边界条件

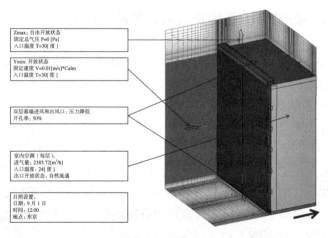

Zmax: 自由开放状态
固定总气压 P=0 [Pa]
入口温度 T=30 [度]

Ymin: 开放状态
固定速度 V=0.01[m/s]*Calm
入口温度 T=30[度]

双层幕墙进风和出风口: 压力降低
开孔率: 50%

室内空调 (每层):
进气量: 2385.72[m³/h]
入口温度: 24[度]
出口开放状态: 自然流通

日照设置:
日期: 9 月 1 日
时间: 12:00
地点: 东京

图 5-14　网格划分

四、结果分析

外呼吸双层幕墙的 CFD 模拟方法，应用该方法能够准确快速地对热压与风压共同作用的双层皮幕墙自然通风进行模拟计算。在该模拟方法中，考虑室外风场区域以准确计算室外风压对双层皮自然通风的影响，并采用射线追踪法计算太阳辐射在各壁面上的热量分配，采用吸收因子计算壁面间长波辐射换热。该模拟方法能够准确描述遮阳百叶对气流的阻力特性，从而保证对自然通风工况下温度分布和流场的计算精度。

采用 CFD 软件对建筑幕墙上述模拟方法，对自然通风下的外呼吸式双层皮幕墙进行优化设计。优化设计的指标包括双层的朝向、结构尺寸、百叶位置、开口类型、开口大小等，进一步提出外呼吸式双层幕墙的通用设计指导（图 5-15）。

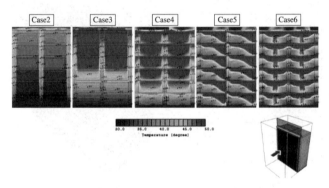

图 5-15 通道内模拟温度、风速分布计算结果演示

五、CFD 软件模拟分析幕墙开启扇自然通风效果

采用 CFD 软件，不单可以对双层幕墙的气流形式进行模拟计算，也可对单层幕墙的开启扇的朝向、结构尺寸、百叶位置、开口类型、开口大小等，进一步提出单层幕墙的通用设计指导。

众多研究表明，建筑能耗中空调能耗占建筑总能耗的比重很大，约占 40% 左右，合理设计幕墙、门窗的开口，有效利用自然通风，可以有效节约空调能耗。目前，人们常采用 CFD 方法对室内气流组织的分布进行预测，这是一种行之有效的方法。根据工程实际情况建立物理模型。对幕墙的开启形式、开启扇大小等进行数值模拟计算，从而得到气流组织分布的结果。进而调整幕墙设计，节约建筑能耗（图 5-16、图 5-17）。

图 5-16　工程实例

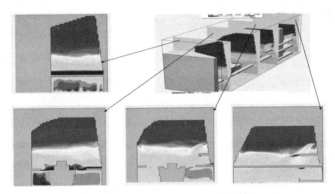

图 5-17　CFD 夏季自然通风分析结果

第六章

幕墙的加工制作

第一节 概述

幕墙的加工制作是幕墙建设过程中非常重要的环节，因幕墙的形式多种多样，新技术、新工艺、新材料不断发展，本文选取其中较常见的幕墙进行阐述。

幕墙在加工制作前，应对材料进行检验，不合格品不得进行加工，加工前先制订工艺流程卡，确立各加工程序，每道工序必须经自检、专检，不合格品禁止进入下道工序。工厂的各种加工机械、器具、量具定期进行检查，确保工厂的加工质量。

技术要求：

（1）幕墙应根据加工图进行加工制作，加工图应以通过审查的施工图为依据，对土建主体结构进行复测，并应按实测结果对幕墙施工图作必要的调整。

（2）幕墙组件、构件和配件均应在工厂加工组装，不应在现场加工。除全玻幕墙外，不应在现场打注硅酮结构密封胶。

（3）加工幕墙构件所采用的设备、机具应满足幕墙构件加工精度要求。其量具应定期进行计量认证，并应在认证有效期内使用。

（4）加工制作前应核对原材料是否与加工图相符，品相是否完好，是否在保质期内。

（5）加工构件的防腐处理应按设计要求执行。锚筋宜不做防腐处理，以增加其与混凝土的连接可靠性。

（6）所有加工构件应按批次检验。

（7）构件加工完成后应做相应编号标识，贴于方便查看位置。做好成品保护，搬运及运输过程应特别注意，避免构件变形或损坏。

第二节 玻璃

玻璃的加工、深加工应由玻璃生产厂家根据幕墙施工工艺图完成，加工质量应符合《玻璃幕墙工程技术规范》JGJ 102—2003 的有关规定。幕墙用钢化玻璃还应符合《建筑门窗幕墙用钢化玻璃》JG/T 455—2014 的有关规定。玻璃幕墙采用中空玻璃时,应符合现行国家标准《中空玻璃》GB/T 11944—2012 的有关规定。

玻璃深加工是指有可能改变玻璃的性能并赋予它新的或不同的功能的技术。通常玻璃的深加工产品可分为机械加工（磨砂玻璃）、热处理（钢化玻璃、半钢化玻璃、弯曲玻璃、釉面玻璃）、化学处理（蚀刻玻璃）、镀膜（吸热玻璃、热反射玻璃、低辐射玻璃等）、夹层（PVB 胶片夹层玻璃、防弹玻璃、防火玻璃等）、空腔（普通中空玻璃、真空玻璃）及其他特殊加工（激光刻花玻璃、光致变色玻璃、电致变色玻璃、杀菌玻璃、自洁净玻璃等）。

一、加工制作要点

（1）玻璃的加工应在工厂内完成。所有玻璃钢化及半钢化处理后，不得进行二次机械加工。

（2）玻璃原片质量应符合设计要求。

（3）幕墙用玻璃应进行边缘处理。机械磨边时，磨轮目数不应小于 180 目。点支承幕墙及全玻幕墙玻璃边缘应细磨，倒角宽度宜不小于 1mm，外露玻璃的边缘应精磨。玻璃的孔、板边缘均应磨边和倒角，磨边宜细磨，倒角宽度宜不小于 1mm。孔边缘不应有崩边等缺陷。

（4）钢化玻璃宜经过二次热处理。

（5）玻璃幕墙采用中空玻璃时，中空玻璃气体层厚度不应小于 9mm，中空玻璃应采用双道密封，一道密封应采用丁基热熔密封胶。隐框、半隐框及点支承玻璃幕墙用中空玻璃的二道密封应采用硅酮结构密封胶。中空玻璃用于隐框幕墙时，必须采用硅酮密封胶做第二道密封的中空玻璃，且其胶缝宽度必须经计算确定。

（6）玻璃幕墙采用夹层玻璃时，应采用干法加工合成，其夹片宜采用聚乙烯醇缩丁醛（PVB）胶片，夹层玻璃合片时，应严格控制温、湿度。

（7）玻璃幕墙采用单片低辐射镀膜玻璃时，应使用在线热喷涂低辐射镀膜玻璃，离线镀膜的低辐射镀膜玻璃宜加工成中空玻璃使用，且镀膜面应朝向中空气体层。

（8）玻璃幕墙的采光用彩釉玻璃，釉料宜采用丝网印刷。

（9）有防火要求的幕墙玻璃，应根据防火等级要求，采用单片防火玻璃或其制品。

二、玻璃幕墙的单片玻璃、夹层玻璃、中空玻璃的加工精度

（1）单片玻璃尺寸允许偏差应符合表6-1的要求。

单片玻璃尺寸允许偏差（mm）　　　　　　　　　　表6-1

项目	玻璃厚度	玻璃边长 L ≤ 2000	玻璃边长 L > 2000
边长	6、8、10、12	± 1.5	± 2.0
	15、19	± 2.0	± 3.0
对角线差	6、8、10、12	≤ 2.0	≤ 3.0
	15、19	≤ 3.0	≤ 3.5

（2）中空玻璃尺寸允许偏差应符合表6-2的要求。

中空玻璃尺寸允许偏差（mm）　　　　　　　　　　表6-2

项目		允许偏差
边长	L < 1000	± 2.0
	1000 ≤ L < 2000	+2.0，-3.0
	L ≥ 2000	± 3.0
对角线差	L ≤ 2000	≤ 2.5
	L > 2000	≤ 3.5
厚度	t < 17	± 1.0
	17 ≤ t < 22	± 1.5
	t ≥ 22	± 2.0
叠差	L < 1000	± 2.0
	1000 ≤ L < 2000	± 3.0
	2000 ≤ L < 4000	± 4.0
	L ≥ 4000	± 6.0

（3）夹层玻璃尺寸允许偏差应符合表6-3的要求。

夹层玻璃尺寸允许偏差（mm）　　　　　　　　　　表6-3

项目		允许偏差
边长	L ≤ 2000	± 2.0
	L > 2000	± 2.5
对角线差	L ≤ 2000	≤ 2.5
	L > 2000	≤ 3.5

项目	允许偏差	
叠差	$L < 1000$	±2.0
	$1000 \leqslant L < 2000$	±3.0
	$2000 \leqslant L < 4000$	±4.0
	$L \geqslant 4000$	±6.0

第三节　石材

天然石材被广泛地应用于建筑，用于外墙上的石材通常为花岗石板材，也有一些建筑外墙采用砂岩、石灰石等。石材基本加工工艺为：锯割加工、研磨抛光、切断加工、凿切加工、烧毛加工、辅助加工及检验修补等。天然石材的加工质量应符合《金属与石材幕墙工程技术规范》JGJ 133—2001 的有关规定。

一、加工制作要点

（1）石材品种及质量、色泽、纹理应满足设计要求。

（2）尺寸偏差应符合《天然花岗石建筑板材》GB/T 18601—2009、《天然大理石建筑板材》GB/T 19766—2016、《天然砂岩建筑板材》GB/T 23452—2009 和《天然石灰石建筑板材》GB/T 23453—2009 等规范中有关一等品或优等品的要求。

（3）砂岩、洞石等强度较低的石材，背面应采取加强措施。

（4）幕墙用石材宜采用先磨后切工艺进行加工。

（5）镜面石材的光泽度应符合《天然花岗石建筑板材》GB/T 18601—2009、《天然大理石建筑板材》GB/T 19766—2016 的规定。同一工程中镜面石材光泽度的差异应符合设计要求。

（6）火烧板应按样板检查火烧后的均匀程度，火烧石不得有暗纹、崩裂情况。

（7）石板应无暗裂、窝坑缺陷，连接部位无崩裂，外侧不得有崩边、缺角；内侧非连接部位崩边不大于 5mm×20mm，缺角不大于 20mm。

（8）石板加工应严格按排板要求分面加工，同一立面的石板色差应均匀，相邻石材不得有明显色差。每个立面应备有一定数量石板，以免更换石材引起明显色差。

（9）阳角 90° 拼接石材外露端面应做定厚处理，并做倒边，倒边宽度不宜小于 5mm。

（10）石材应六面防护处理。

（11）石板外形尺寸允许偏差应符合表 6-4 的要求。

石材面板外形尺寸允许偏差（mm） 表 6-4

项目	长度、宽度	对角线差	平面度	厚度
亚光面、镜面板	± 1.0	± 1.5	1	+2.0, −1.0
粗面板	± 1.0	± 1.5	2	+3.0, −1.0

二、通槽式、短槽式安装的石板加工

（1）通槽式、短槽式石板的槽宽不宜小于 7.0mm；槽侧面到板面距离不应小于 8mm，且不允许负偏差；槽深度不宜小于 16mm。

（2）石板通槽位置允许偏差 ± 0.5mm，槽宽允许偏差 +1.0mm，槽深允许偏差 +2.0mm。

（3）石板短槽位置允许偏差，厚度方向 ± 0.5mm，长度方向 ± 5mm；槽宽允许偏差 +1.0mm，槽深允许偏差 +2.0mm；槽外边到板端边距离不应小于板材厚度的 3 倍且不小于 85mm，不应大于 180mm。槽的有效长度不应小于 80mm。

（4）石材开槽后不得有损坏或崩裂现象，槽口应打磨成 45° 倒角，倒角宽度不宜小于 2mm，槽内应光滑、洁净。

三、背栓式安装的石板加工

（1）石板开孔处应局部定厚处理。

（2）石板背栓孔的加工尺寸允许偏差应符合表 6-5 的要求。

石材面板背栓孔加工尺寸允许偏差（mm） 表 6-5

背栓直径	钻孔直径 / 允许偏差	拓孔直径 / 允许偏差	锚固深度 / 允许偏差	孔底到板面最小 厚度 / 允许偏差	孔中心线到板边最 小距离 / 允许偏差
M6	11/ ± 0.3	13.5/+0.4, −0.2	15 ～ 20/+0.4, −0.1	8/+0.1, −0.4	50/ ± 3
M8	13/ ± 0.3	15.5/+0.4, −0.2	15 ～ 20/+0.4, −0.1	8/+0.1, −0.4	50/ ± 3

第四节 金属板

金属幕墙常见有铝单板、复合铝板、铜合金板、锌合金板、不锈钢板等。本文主要介绍铝板、复合铝板及蜂窝铝板的加工。金属板材的加工质量应符合《金属与石材幕墙工程技术规范》JGJ 133—2001 的有关规定。

加工制作要点：

（1）金属板材的品种、规格、表面处理及色泽应符合设计要求。加工时应注意板面喷涂方向与加工图保持一致。

（2）单层金属板折弯加工时，折弯外圆弧半径不应小于板厚的 1.5 倍。

（3）单层金属板加强肋的固定应牢固，可采用电栓钉、胶粘等方法，采用电栓钉时，单层金属板外表面不应变形、变色。加强肋与单层铝板折边或加强边框应可靠连接。

（4）单层金属板的固定耳子应符合设计要求。固定耳子可采用焊接、铆接或在金属板上直接冲压而成，左右位置应错开，调整方便，固定牢固。

（5）铝塑复合板在切割铝塑复合板内层金属板和聚乙烯塑料时，应保留不小于 0.3mm 厚的聚乙烯塑料，不得划伤外层金属面板。

（6）铝塑复合板钻孔、切口等外露的聚乙烯塑料及角缝，应采用中性硅酮耐候密封胶密封。

（7）蜂窝板应封边处理。应将外层铝板折弯 180°，将芯材包封，折角应为圆弧形。

（8）蜂窝板在切除芯材时不得划伤外层铝板的内表面，各部位外层铝板上，应保留 0.3 ~ 0.5mm 的芯材。缝隙应用硅酮耐候密封胶密封。

（9）不锈钢板折弯加工时，折弯外圆弧半径不应小于板厚的 2 倍；采用开槽折弯时，应严格控制刻槽深度并在开槽部位采取加强措施。

（10）不锈钢板加强肋的固定可采用电栓钉，但应采取措施使不锈钢板外表面不变形、不变色，并且可靠固定。

金属板材加工允许偏差应符合表 6-6 的要求。

155

金属板材加工尺寸允许偏差（mm）　　　　　表 6-6

项目		允许偏差
边长	$L \leqslant 2000$	±2.0
	$L > 2000$	±2.5
对边尺寸	$L \leqslant 2000$	≤2.5
	$L > 2000$	≤3.0
对角线长度	$L \leqslant 2000$	≤2.5
	$L > 2000$	≤3.0
折弯高度		≤1.0
平面度		≤2/1000
孔中心距		±1.5

第五节　人造板

　　人造板样式多种多样，较常见的有瓷板、陶板及其他复合板材等，人造板的加工应符合《人造板材幕墙工程技术规范》JGJ 336—2016 及相应行业标准的相关要求。

　　加工制作要点：

　　（1）人造板材幕墙在加工制作前应与建筑结构施工图进行核对，对已建主体结构进行复测，并应按实测结果对幕墙设计进行必要调整。

　　（2）人造板材的加工制作宜采用专用设备在厂房内完成。设备的加工精度应满足幕墙面板设计要求，刀具的切削性能应与面板材料相适应并保持锋利，加工时，宜以面板正面（装饰面）作为加工基准面。

　　（3）检测量具应定期进行计量检定。

　　（4）背栓孔的加工应采用与背栓产品配套的专用转孔设备，砖头的切削性能应与面板材料相适应。需要对钻头进行冷却或润滑时，冷却剂或润滑剂不得对面板材料造成污染。

一、瓷板幕墙

　　瓷板加工前应进行以下检验并符合现行行业标准《建筑幕墙用瓷板》JG/T

217—2007 和下述规定：瓷板的长度、宽度、厚度、边直度及形位公差；瓷板的表面质量、色泽和花纹图案。瓷板不得有明显的色差，花纹图案应符合供需双方确定的样板。

一般情况下，瓷板幕墙的立面分格尺寸应按照瓷板的产品规格与板缝宽度确定，瓷板加工的主要工作内容是二次切割、开槽或钻背栓孔。因此，瓷板加工前的检验非常重要，是保证瓷板幕墙工程质量符合要求的关键。因此，应加强加工前的检验，尤其是瓷板的表面质量、色泽、花纹图案，宜进行 100% 检验。

成品瓷板的形状、尺寸应符合设计要求，加工允许偏差应符合表 6-7 的规定。

瓷板加工允许偏差（mm） 表 6-7

项目		允许偏差
边长	≤ 2000	± 2.0
	> 2000	± 2.5

瓷板槽口加工应采用专用机械设备，加工槽口用锯片应保持锋利，不宜现场采用手持机械进行加工。槽口的宽度、长度、位置应符合设计要求。槽口的侧面应不得有损坏或崩裂现象，槽内应光滑、洁净，不得有目视可见的阶梯。瓷板开槽加工尺寸允许偏差应符合表 6-8 的规定。

瓷板开槽尺寸允许偏差（mm） 表 6-8

项目	槽宽度	槽长度	槽深度	槽端到板端边距离	槽边到板面距离
允许偏差	+0.5, 0	短槽: +10.0, 0	+1.0, 0	短槽: +10.0, 0	+0.5, 0

注：短槽连接瓷板允许加工成通槽。

瓷板槽口的加工质量关系到挂件连接瓷板的抗拉承载力。瓷板的截面厚度相对较薄，如果槽口的宽度、长度、位置的加工偏差太大，瓷板承载力就会严重偏离设计计算的结果，挂槽侧面太粗糙或存在缺陷，也会降低瓷板的承载力。因此，应采用专用机载设备进行加工并保持锯片锋利。

槽口的宽度应综合考虑承载力大小、挂件厚度、安装调整等有关因数确定。瓷板的边上各开短槽，也可以开通槽。一般情况下，槽口深度宜为 11.0 ~ 13.0mm，槽口宽度 3.0 ~ 4.0mm。短挂件连接的瓷板，可以加工成短槽，也可以加工成通槽。

背栓孔应采用与背栓配套的专用钻孔机械加工。影响背栓连接处的背纹应进行打磨，打磨处应平整。背栓孔的数量、位置和深度应符合设计要求。钻孔和扩孔直径应符合背栓产品的技术要求。可采用压入或旋转方式植入背栓，背栓紧固力矩应符合背栓厂家的规定。植入后应确认其连接牢固，工作可靠。背栓孔不得有损坏或崩裂现象，孔内应光滑、洁净；背栓孔加工尺寸允许偏差应符合表 6-9 的要求；背栓孔加工完成后应全数检验。

背栓孔加工尺寸允许偏差（mm）　　　　　　　　　　　　　　表 6-9

项目	孔径	扩孔	孔深	孔中心距	孔中心到端边距离	孔底面至瓷板装饰面的厚度
允许偏差	+0.4，0	±0.3	+0.2，−0.1	±0.5	+5.0，−1.0	+0.1，−0.1

背栓孔的加工精度要求非常高，不同厂家的背栓，对背栓孔又有不同的要求，因此，应采用与背栓配套的专用钻孔机械加工，并按背栓生产厂家的要求钻孔和扩孔。背栓孔的尺寸精度、表面粗糙度和表面缺陷，背栓的安装质量和紧固程度，与背栓连接瓷板的承载力直接有关。因此，应对影响连接的位置进行清理，清理后的表面应平整，对背栓进行紧固时，应采用扭力扳手控制紧固力矩。为了保证加工背栓孔时幕墙的总体平整度，应以瓷板在幕墙上的装饰面作为基准面，对孔的深度进行控制。

瓷板切割、开孔、开槽过程中，刀具和瓷板摩擦产生热量会造成刀具磨损，影响加工精度和加工表面质量，应采用清水进行润滑和冷却。切割、开孔、开槽后，应立即用清水对孔壁和槽口进行清洁处理，并放置于通风处自然干燥。加工好的瓷板应竖立存放于通风良好的仓库内，其与水平面夹角不应小于 85°，下边缘宜采用弹性材料衬垫，离地面高度宜大于 50 mm。

二、陶板幕墙

按照现行行业标准《建筑幕墙用陶板》JG/T 324—2011 和下述规定对陶板进行以下检查：陶板的品种、规格和长度、宽度、厚度尺寸允许偏差；陶板的表面质量、色泽和花纹图案；陶板外表面的花纹图案应比照样板检查，板块四周不得有明显的色差；对与安全有关的项目要进行重点的检查，如板面的裂纹、挂钩部位尺寸和表面缺陷应进行 100% 检验；对于挂钩处有明显缺陷的产品，不得使用。

陶板面板加工需要进行润滑、冷却和清洁时，应采用清水，不得采用有机溶剂型清洁剂。加工应根据不同的板块形状和设计要求进行。陶板的加工允许尺寸偏差应符合表 6-10 的要求。

陶板加工允许偏差（mm）　　　　　　　　　表 6-10

项目		允许偏差
边长	长度	±1.0
	宽度	±2.0
对角长度		≤2.0

陶板的加工一般以切割为主。由于陶板具有多种板块形状，如实心板、空心板，通槽板、挂钩板等，因而其加工要求会因板而异。特别是收口部位，如转角、上下封口、悬挑处等的加工应按设计要求进行。

陶板的转角可用陶板本身或采用不锈钢支撑件、铝合金型材专用件组装。当采用不锈钢支撑件组装时，不锈钢支撑件厚度不宜小于 3mm；当采用铝合金型材专用件组装时，型材壁厚不应小于 4mm，连接部位的壁厚不应小于 5mm，并应通过结构计算确定。

已加工好的陶板应竖立存放于通风良好的仓库内，其与水平面夹角不应小于 85°。

三、石材铝蜂窝复合板

石材铝蜂窝复合板的加工应在专业的生产单位进行，产品应按照《建筑装饰用石材蜂窝复合板》JG/T 328—2011 和相关工程设计的要求进行出厂检验，合格后方可使用。

石材铝蜂窝复合板生产工艺较为复杂，幕墙用板块的加工是根据设计要求在专业生产单位逐块预制，一般施工企业不具备加工和生产的能力。通常情况下，石材铝蜂窝板采用胶粘剂进行板块间的粘结或预置螺母的灌注固定时，应在工作温度为 15～30℃、相对湿度 50% 以上且洁净、通风的室内进行。各板块的被粘结面在涂刷胶粘剂前须经打磨处理，表面应保证干燥，无油脂，无灰尘或其他污物。

预置螺母是板与幕墙支承构件间的重要连接件，其安装质量的好坏直接影响到幕墙的安全性能。预置螺母通常采用材质为 Q235 的冷镦工艺成型的异型螺母，形状如图 6-1 所示，其表面镀锌纯化处理应满足《紧固件　电镀层》GB

5267.1—2002 的规定，机械性能等级应达到《紧固件机械性能　螺母》GB/T 3098.2—2015 中规定的 5 级，加工尺寸偏差应符合《内螺纹圆柱销　不淬硬钢和奥氏体不锈钢》GB/T 120.1—2000 的规定。图 6-1 为预置螺母形状图。

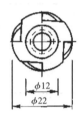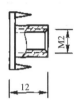

图 6-1　预置螺母形状图

　　石材铝蜂窝复合板预埋螺母用孔的加工深度不应小于铝蜂窝芯的厚度，且不应伤及与石材相粘结的板面。孔内残屑应清理干净，孔底部需保证平整并无毛刺。注胶时，注胶完成面应与背板表面持平或略呈凹弧状，预埋螺栓的表面不得低于注胶完成面和背板的表面。石材铝蜂窝复合板出厂前应按照产品标准的各项要求进行严格的出厂检验合格后方可使用。

　　石材铝蜂窝复合板可按照设计要求进行不同角度的拼接。拼接应保证相互拼接在一起的 板块的石材面板色泽、纹路的一致性。拼接前，可对板块进行倒角切割加工。加工时，应注意不损伤表面石材，避免出现崩边、缺棱的缺陷。拼接部位应平整，无明显缝隙和缺角。

　　需对板块进行局部切割时，可采用手动切割设备附之清水或其他对石材铝蜂窝板无污染的水性冷却液进行切割。切口应按设计要求进行清洁或封边处理。石材铝蜂窝复合板加工允许偏差应符合表 6-11 的规定。

石材铝蜂窝板加工允许偏差（mm）　　　　表 6-11

项目		技术要求	
		亚光面、镜面板	粗面板
边长		0，−1.0	
对边长度	≤ 1000	≤ 2.0	
	> 1000	≤ 3.0	
厚度		± 1.0	+2.0，−1.0
对角线差		≤ 2.0	
边直度	每米长度	≤ 1.0	
平整度	每米长度	≤ 1.0	≤ 2.0

未作规定的其他外形尺寸或特定形状板材的允许偏差可根据工程设计确定。石材铝蜂窝板经加工切割后，造成蜂窝板和石材与封板之间的胶粘剂直接暴露在空气中，会降低胶粘剂的耐久性，应采用密封胶密封。加工完毕的蜂窝芯复合板应竖立存放于干燥、通风良好的仓库内，其竖立角度不应小于85°。

第六节　铝合金型材加工

铝合金型材加工，按其工序可分为截料、钻孔、铣槽、豁口、榫、弯加工等。铝型材的加工应在车间内进行，用于加工铝型材的设备、机具应能保证加工精度，所用的量具应能达到测量的精度。

一、加工制作要点

（一）铝合金构件的加工

（1）铝型材加工前应认真核对加工图。

（2）铝合金型材截料之前应检查是否有弯曲、扭曲等变形，如有变形应先进行校直调整。

（3）横梁长度允许偏差为 ±0.5mm，立柱长度允许偏差为 ±1.0mm，端头斜度的允许偏差为 -15′。

（4）截料端头不应有加工变形，并应去除毛刺。

（5）孔加工精度要求：孔位的允许偏差为 ±0.5mm，孔距的允许偏差为 ±0.5mm，累计偏差为 ±1.0mm。铆钉的通孔尺寸偏差应符合《紧固件 铆钉用通孔》GB152.1—1988 的规定。沉头螺钉的沉孔尺寸偏差应符合《紧固件 沉头螺钉用沉孔》GB152.2—2014 的规定。圆柱头、螺栓的沉孔尺寸偏差应符合《紧固件 圆柱头用沉孔》GB152.3—1988 的规定。螺栓孔的加工应符合设计要求。

（二）铝合金构件中槽、豁、榫的加工

（1）槽口的允许偏差为 +0.5mm，不允许负偏差，中心线允许偏差 ±0.5mm。

（2）豁口的允许偏差为 +0.5mm，不允许负偏差，中心线允许偏差 ±0.5mm。

（3）榫头截面的长、宽允许偏差为 -0.5mm，不允许正偏差，中心线允许偏

差 ±0.5mm。

（4）铝合金构件弯加工宜采用拉弯设备进行弯加工，弯加工后构件表面应光滑，不得有皱折、裂纹等缺陷。

（5）断热型材的钻孔、铣孔等加工应避开断热条及断热槽，不得在断热条及断热槽使用螺钉固定其他构件。断热型材的弯加工应注意加工后端面尺寸是否发生变化，断热条是否有裂纹等缺陷。

（6）所有外露的铝合金构件，加工完成后应使用保护膜等措施保护。保护膜应在有效期内去除，如需继续保护，则应重新贴保护膜（图6-2）。

图6-2 铝合金构件加工

二、铝合金构件的加工

（1）铝合金型材截料之前应检查直线度，直线度不合格铝型材不能使用。

（2）横梁或立柱的长度大于2000mm，长度允许偏差为 ±1mm；长度不大于2000mm 时为 ±0.5mm。端头斜度的允许偏差为0，-15′（图6-3、图6-4）。

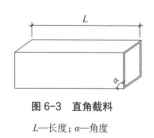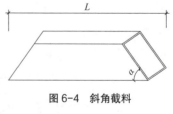

图6-3 直角截料　　　　　　　　　图6-4 斜角截料

L—长度；α—角度　　　　　　　　L—长度；α—角度

（3）截料端头不应有加工变形，并应去除毛刺。

（4）有装配要求的孔位的允许偏差为 ±0.5mm；孔距的允许偏差为 ±0.5mm，

孔距累计允许偏差为 ±1.0mm。其他孔位要求应符合设计规定。

（5）铆钉的通孔尺寸偏差应符合现行国家标准《紧固件　铆钉用通孔》GB 152.1—1988 的规定。

（6）沉头螺钉的沉孔尺寸允许偏差应符合现行国家标准《紧固件　沉头螺钉用沉孔》GB152.2—2014 的规定。

（7）圆柱头、螺栓的沉孔尺寸允许偏差应符合现行国家标准《紧固件　圆柱头用沉孔》GB152.3—1988 的规定。

（8）螺栓孔的加工应符合设计要求。

三、幕墙铝合金构件中槽、豁、榫的加工

（1）铝合金构件槽口尺寸（图 6-5）允许偏差应符合表 6-12 的要求。

槽口尺寸允许偏差（mm）　　　　　　　　　　表 6-12

项目	a	b	c
允许偏差	+0.5，0	+0.5，0	±0.5

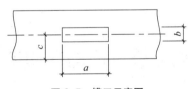

图 6-5　槽口示意图

（2）铝合金构件豁口尺寸（图 6-6）允许偏差应符合表 6-13 的要求。

豁口尺寸允许偏差（mm）　　　　　　　　　　表 6-13

项目	a	b	c
允许偏差	+0.5，0	+0.5，0	±0.5

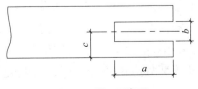

图 6-6　豁口示意图

（3）铝合金构件榫头尺寸（图6-7）允许偏差应符合表6-14的要求。

榫头尺寸允许偏差（mm）　　　　　　　　　　　　　　表6-14

项目	a	b	c
允许偏差	0，–0.5	0，–0.5	± 0.5

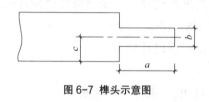

图6-7 榫头示意图

四、幕墙铝合金构件弯加工

（1）铝合金构件宜采用拉弯设备进行弯加工。

（2）外露构件弯加工后的表面应光滑，不得有皱折、凹凸、裂纹。

（3）非外露构件加工后应表面平整，不得有影响其性能的缺陷。

第七节　钢构件加工

钢构件的加工主要包括埋件、连接件、支撑件等，加工质量应满足设计要求和相应的标准。

一、平板型预埋件的加工要求

（1）锚板及锚筋材质应符合设计要求。

（2）剪板和冲孔工序完成后，应对半成品去除毛刺。

（3）当锚筋直径 ≤ 20mm 时，锚筋与锚板可用压力埋弧焊；当锚筋直径 > 20mm 时，锚筋与锚板应采用穿孔塞焊。焊缝应符合现行国家规范和设计要求。

（4）埋件在结构上外露部分应做防腐处理，与混凝土接触面一律不得油漆或沾染油类物质。

（5）锚板边长允许偏差为 ±5mm。

（6）锚筋长度允许偏差为 +10mm，必要时可提高精度，但不允许为负偏差。

（7）锚筋中心线允许偏差为 ±5mm。

（8）锚筋和锚板面垂直度允许偏差为 l_s/30（l_s 为锚筋长度）（图 6-8）。

图 6-8　平板型预埋件加工

二、槽式埋件的加工要求

（1）槽式埋件槽体及锚筋的材质应符合设计要求。

（2）除锚筋外，槽式埋件的表面及槽内应进行防腐蚀处理，防腐蚀措施宜为热浸镀锌。

（3）预埋件长度允许偏差为 +10mm，宽度允许偏差为 +5mm，厚度允许偏差为 +3mm。

（4）锚筋中心线允许偏差为 ±1.5mm，槽口宽度允许偏差为 ±0.5mm。

（5）锚筋与槽体垂直度允许偏差为 l_s/30（l_s 为锚筋长度）。

（6）锚筋与槽体应为四周围焊，焊缝应符合现行国家规范和设计要求（图 6-9）。

槽形预埋件

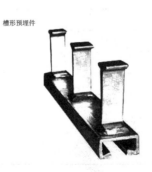

图 6-9　槽式埋件加工

三、连接件、支承件的加工要求

（1）连接件、支承件的材质应符合设计要求。

（2）连接件、支承件外观应平整，不得有裂纹、毛刺、凹凸、翘曲等缺陷。

（3）连接件、支承件的外形加工尺寸允许偏差为 +5mm，–2mm，孔（槽）距允许偏差为 ±1.0mm，孔边距允许偏差为 +1.0 mm，孔（槽）宽允许偏差为 +0.5mm，壁厚允许偏差为 +5mm，–2mm，折弯角度允许偏差为 +2°。

（4）隐蔽部位连接件、支承件防腐蚀处理宜为热浸镀锌，可视部位连接件、支承件防腐蚀处理宜为氟碳喷涂。

（5）连接件、支承件因结构偏差需加长 50mm 以上时，应由设计复核验算强度。

（6）幕墙的连接件、支承件的加工精度应符合下列要求：

1）连接件、支承件外观应平整，不得有裂纹、毛刺、凹凸、翘曲、变形等缺陷。

2）连接件、支承件加工尺寸（图 6-10）允许偏差应符合表 6-15 的要求。

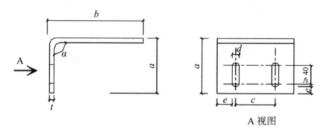

图 6-10　连接件、支撑件尺寸示意图

连接件、支撑件尺寸允许偏差（mm）　　　　表 6-15

项目	允许偏差
连接件高 a	+5，–2
连接件长 b	+5，–2
孔距 c	±1.0
孔宽 d	+1.0，0
边距 e	+1.0，0
壁厚 t	+0.5，–0.2
弯曲角度 a	±2°

第八节　点支承玻璃幕墙拉杆拉索的加工

点支承玻璃幕墙形式通常有钢结构点支承、玻璃肋支承、索网体系、索杆体系等，其拉杆、拉索的加工应符合下列要求。

钢拉杆应按加工工艺图的尺寸进行制作，并应符合《钢拉杆》GB/T 20934—2016 的要求。

钢拉杆的加工成品长度允许偏差应符合表 6-16 的要求。

钢拉杆加工制作长度允许偏差　　　　表 6-16

单根杆长度（m）	允许偏差（mm）
≤ 5	±5
5 ~ 10	±10
> 10	±15

钢拉索的加工成品允许偏差应符合表 6-17 的要求。

不锈钢拉索加工制作允许公差及外观质量要求　　　　表 6-17

项目	长度		
	$L \leqslant 50m$	$50m \leqslant L \leqslant 100m$	$L > 100m$
长度公差	≤ 15mm	≤ 20mm	$L/5000$
螺纹偏差	不得低于 6g 级精度		
外观	表面光亮，无锈斑，钢丝不允许有断裂及其他明显的机械损伤，不锈钢拉索的接头粗糙度不大于 Ra3.2		

注：长度公差应考虑由于生产地热胀冷缩等因素对长度的影响。

第九节　构件组装加工

一、隐框玻璃组装

（1）玻璃副框注胶面不应喷涂。

（2）采用硅酮结构密封胶与玻璃或副框粘结前必须取得合格的剥离强度和相容性检验报告，必要时应加涂底漆。

（3）副框应组角连接，注胶时不应有变形。

（4）注胶前，对被粘结部位材料表面的灰尘、油渍和其他污物应分别使用带溶剂的擦布和干擦布清除干净，并符合下列要求：

1）溶剂应存放在干净的容器中，存放和使用溶剂的场所严禁烟火，并应遵守标明的溶剂注意事项。

2）应将溶剂倾倒在擦布上，不得用擦布蘸溶剂或将擦布浸泡在溶剂中。

3）每清洁一个构件或一块面板，应换用清洁的干擦布。

4）清洁后应在 1h 内注胶，注胶前再度污染时，应重新清洁。

5）采用双组分硅酮结构密封胶时，应进行混匀性试验和拉断试验。

6）玻璃面板注胶作业应在洁净通风的室内操作，其室内温度、湿度条件应符合硅酮结构胶产品的规定。注胶宽度和厚度应符合设计要求。

7）镀膜玻璃应根据镀膜材料的粘结性能和技术要求，确定加工制作工艺。当镀膜与硅酮结构胶不相容时，应除去镀膜层。

8）注胶必须饱满，不得出现气泡，表面应平整光滑，余胶不得重复使用。

9）采用硅酮结构密封胶粘结固定的玻璃面板必须经静置养护，养护时间根据结构胶的固化程度确定。固化未达到足够承载力之前，不应搬动。

10）夹层玻璃中的胶片不宜接触硅酮密封胶，注胶前可对其端部密封处理。

11）隐框玻璃幕墙组件尺寸允许偏差应满足表 6-18 的要求。

隐框玻璃幕墙组件尺寸允许偏差（mm）　表 6-18

项目	允许偏差
框长度尺寸	±1.0

续表

项目		允许偏差
组件长度尺寸		± 2.5
框接缝高度差		≤ 0.5
框内侧对角线差及组件对角线差	L ≤ 2000	≤ 2.5
	L > 2000	≤ 3.5
框组装间隙		≤ 0.5
胶缝宽度		+2.0, 0
胶缝厚度		+0.5, 0
组件周边玻璃与铝框位置差		± 1.0
结构组件平面度		≤ 3.0

二、开启扇的组装

（1）开启边框及开启扇框的组装加工均应在工厂加工完成。

（2）挂钩式开启扇，应有防脱落块。

（3）开启边框宜采用挤角方式组装，开启扇框应采用挤角方式组装，挤角前应注组角胶。

（4）开启扇玻璃下方在 $L/4$ 处应有玻璃托条，托条厚度不应小于 2mm，长度不小于 100mm，高度不应超出玻璃外表面，托条上应设置衬垫，与扇框可靠连接。

（5）装配五金件的孔应攻丝，丝孔应符合设计要求，局部壁厚小于螺钉公称直径时，宜在内壁加衬板，螺钉应有防松脱措施。

（6）开启窗四周的橡胶条长度应比边框内槽口长 1.5% ~ 2%，橡胶条转角和接头部位应采用胶粘剂粘结牢固，镶嵌平实。开启窗下方外道密封橡胶条宜留泄水孔，但橡胶条在边框槽口内应连续。

（7）开启扇玻璃注胶应满足 1 条的规定。

（8）开启扇组装加工尺寸允许偏差应满足表 6-19 的要求。

开启扇组件尺寸允许偏差（mm）　　　　表 6-19

项目	允许偏差
框、扇型材长度	± 1.0
框、扇组件长度	± 2.5

续表

项目		允许偏差
框、扇接缝高度差		≤0.5
框、扇内侧对角线差及组件对角线差	L≤2000	≤2.5
	L>2000	≤3.5
框、扇组装间隙		≤0.5
胶缝宽度		+2.0，0
胶缝厚度		+0.5，0
结构组件平面度		≤3.0

三、石材背栓组装要求

（1）专用螺母应锁紧背栓。

（2）石板上部背栓挂件应可调节，下部背栓挂件不可调节。

（3）石板安装调节后应有固定装置。

四、单元板组装要求

（1）单元板应按加工图和工艺要求加工组装。组装的单元板应编号，并注明安装方向和安装顺序。

（2）单元板构件连接应牢固，在组装和安装过程中不变形、不松动。连接处的缝隙应采用硅酮密封胶密封。

（3）单元板框架的构件连接和螺纹连接处应采取有效的防水和防松措施，工艺孔应采取防水措施。通气孔及排水孔应畅通。

（4）单元板块吊挂件的厚度不应小于5mm。吊挂件应可调节，并应用不锈钢螺栓与立柱连接，螺栓不得少于2个。

（5）单元板块的硅酮结构密封胶不应外露。

（6）对接型单元部件四周的密封胶条应周圈形成闭合，且在四个角部应连接成一体；插接型单元部件的密封胶条在两端头应留有防止胶条回缩的适当余量。

（7）单元板块在搬动、运输、吊装过程中，应采取措施防止面板滑动或变形。

（8）当采用自攻螺钉连接单元组件框时，每处螺钉不应少于3个，螺钉直径不应小于4mm。螺钉孔最大内径、最小内径和拧入扭矩应符合表6-20的要求。

螺钉公称直径（mm）	孔径（mm）		扭矩（N·m）
	最小	最大	
4.2	3.430	3.480	4.4
4.8	4.015	4.065	6.3
5.5	4.735	4.785	10.0
6.3	5.475	5.525	13.6

螺钉孔内径和扭矩要求　　　　　表 6-20

（9）单元板组装允许偏差应符合表 6-21 的规定。

单元板组装允许偏差（mm）　　　　　表 6-21

序号	项目		允许偏差
1	组件长度、宽度	$L \leqslant 2000$	± 1.5
		$L > 2000$	± 2.0
2	组件对角线长度差	$L \leqslant 2000$	≤ 2.5
		$L > 2000$	≤ 3.5
3	接缝高低差		≤ 0.5
4	接缝间隙		≤ 0.5
5	框面划伤		≤ 3 处且总长 ≤ 100
6	框面擦伤		≤ 3 处且总面积 ≤ 200mm²
7	胶缝宽度		+1.0，0
8	胶缝厚度		+0.5，0
9	各搭接量（与设计值比）		+1.0，0
10	组件平面度		≤ 1.5
11	组件内镶板间接缝宽度（与设计值比）		± 1.0
12	连接构件竖向中轴线距组件外表面（与设计值比）		± 1.0
13	连接构件水平轴线距组件水平对插中心线		± 1.0（可上下调节时 ± 2.0）
14	连接构件竖向轴线距组件竖向对插中心线		± 1.0
15	两连接构件中心线水平距离		± 1.0
16	两连接件上、下端水平距离差		± 0.5
17	两连接件上、下端对角线差		± 1.0

第十节　幕墙构件检验

　　幕墙构件和组件的加工质量是保证幕墙工程施工质量符合现行国家标准的规定，满足设计功能要求的基础。为保证构件、组件的加工质量，不仅要对成品进行检验，还应该加强过程检验。

　　（1）幕墙构件生产过程中应建立自检、互检、专职检验制度。每种构件、配件、组件必须首件检验合格后方可批量投产。

　　（2）幕墙构件应按构件的 5% 随机抽样检查，且每种构件不得少于 5 件。当有一个构件不符合要求时，应加倍抽查，合格后方可出厂。

　　（3）产品出厂时，应附检验合格证书。

第十一节　幕墙产品保护

　　幕墙材料、已加工完成的构件、组件不宜露天存放，对存放环境有要求时，应采取相应的措施。

　　型材加工的型材周转车、工位器具等，凡与型材接触部位均以胶垫防护，不允许铝质型材与钢质构件直接接触。铝合金加工构件、组件不可露天存放，短期露天堆放时，应有防雨、防水侵入及防变形措施。

　　铝合金构件加工完成后应使用保护膜等措施保护。保护膜应在有效期内去除，如需继续保护，则应重新贴保护膜。

　　玻璃应采用专用玻璃架，并采用垫胶垫等防护措施。玻璃装车时需立放，底部应垫软质垫块，玻璃与玻璃之间须用软质垫块隔开，玻璃捆扎应结实，确保车辆行驶中的振动或晃动导致玻璃破损。

　　检验合格的材料及成品，应分类存放，对于五金件、不锈钢件应装箱集中存放。

　　对有湿度、温度、防虫及防水要求的材料，如结构胶、耐候胶等应存放在阴凉、通风、干燥处，避免阳光直接照射，并确保在有效期内使用。

第七章

幕墙的安装施工

第一节　概述

　　幕墙是建筑物的外墙护围，不承重，像幕布一样挂上去，故又称为悬挂墙，是现代大型和高层建筑常用的带有装饰效果的轻质墙体。由结构框架与镶嵌板材组成，不承担主体结构载荷与作用的建筑围护结构。

　　幕墙按结构型式及用途可分为：构件式建筑幕墙、单元式幕墙、点支承玻璃幕墙、全玻璃幕墙、光伏光电幕墙、双层幕墙等。

　　幕墙施工单位需具有相应的资质要求，建筑幕墙工程专业承包企业资质分为一级、二级、三级。一级资质企业可承担各类建筑幕墙工程的施工；二级资质企业可承担单项合同额不超过企业注册资本金 5 倍且单项工程面积在 8000m² 及以下、高度 80m 及以下的建筑幕墙工程的施工；三级企业可承担单项合同额不超过企业注册资本金 5 倍且单项工程面积在 3000m² 及以下、高度 30m 及以下的建筑幕墙工程的施工。

第二节　构件式幕墙

一、玻璃幕墙

　　玻璃幕墙的骨架安装方式基本一致，基本为先安装立柱，后安装横梁，各种玻璃幕墙区别在于选用铝合金型材骨架的截面型式各不相同，而引起施工方法略有区别。

　　玻璃幕墙根据外视效果分为明框玻璃幕墙、隐框玻璃幕墙及半隐框玻璃幕墙。

（一）明框玻璃幕墙

　　明框玻璃幕墙的玻璃板四边镶嵌在铝框内，横梁、立柱均外露。

　　明框玻璃幕墙是最传统的形式，应用广泛，工作性能可靠。相对于隐框玻璃幕墙而言，容易满足施工技术水平要求，如图 7-1 所示。

图 7-1　某工程明框玻璃幕墙

明框玻璃幕墙节点构造示意如图 7-2 所示。

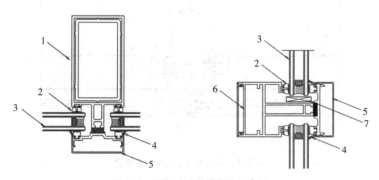

图 7-2　明框玻璃幕墙节点示意图

1—立柱；2—胶条；3—玻璃；4—耐候胶；5—扣盖；6—横梁；7—垫块

（二）隐框玻璃幕墙

隐框玻璃幕墙是将玻璃用硅酮结构密封胶固定在副框上，副框再用机械夹持的方法固定到主框格（立柱、横梁）上。因此，铝框全部隐蔽在玻璃后面，形成大面积全玻璃镜面。结构玻璃装配组件与主框格完全分离是隐框玻璃幕墙构件式施工的最大特点之一，如图 7-3 所示。

175

图 7-3 某工程隐框玻璃幕墙

隐框玻璃幕墙节点构造示意图如图 7-4 所示。

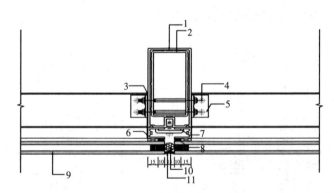

图 7-4 隐框玻璃幕墙节点示意图

1—立柱；2—芯套；3—隔离垫片；4—不锈钢螺栓；5—连接角码；6—铝合金附框；

7—压块；8—结构胶；9—玻璃；10—泡沫棒；11—耐候胶

（三）半隐框玻璃幕墙

半隐框玻璃幕墙分横隐竖不隐或竖隐横不隐两种。不论哪种半隐框幕墙，均为一对应边用结构胶粘结成玻璃装配组件，而另一对应边采用铝合金镶嵌槽玻璃装配的方法。换句话讲，玻璃所受各种荷载，有一对应边用结构胶传给铝合金框架，而另一对应边由铝合金型材镶嵌槽传给铝合金框架。因此半隐框玻璃幕墙上述连接方法缺一不可，否则将形成一对应边承受玻璃全部荷载，这将是非常危险的。半隐框玻璃幕墙如图7-5所示。

图7-5 某工程半隐框玻璃幕墙

（四）玻璃幕墙的安装施工

1. 工艺流程

施工准备→测量放线→预埋件处理→连接角码安装→立柱安装→横梁安装→玻璃（板块）安装→清洁检查→竣工验收。

2. 施工准备

材料准备：根据图纸及工程情况，编制详细的材料订货供应计划单。

施工机具：对所用机具进行检测，确保其性能良好。

人员准备：对技术工人进行技术培训、交底。

技术准备：熟悉图纸，准备有关图集、质量验收标准和内业资料所用的表格。

3. 测量放线

（1）测量依据

测量放线是根据土建单位提供的中心线及标高点进行。幕墙设计一般是以建筑物的轴线为依据，玻璃幕墙的布置应与轴线取得一定的关系。所以必须对已完工的土建结构进行测量。

（2）测量方法

建筑物外轮廓测量：根据土建标高基准线复测每一层预埋件标高中心线，据此线检查预埋件标高偏差，并做好记录；找出幕墙立柱与建筑轴线的关系，根据土建轴线测量立柱轴线，据此检查预埋件左右偏差，并做好记录。整理以上测量结果，确定幕墙立柱分隔的调整处理方案。

幕墙立柱外平面定位：根据设计图纸和土建结构误差确定幕墙立柱外平面轴线距建筑物外平面轴线的距离，在墙面顶部合适位置用钢琴线定出。

幕墙立柱轴线定位：幕墙前后位置确定后，结合建筑物外轮廓测量结果，用钢琴线定出每条立柱的左右位置。每一定位轴线间的误差在本定位轴线间消化，误差在每个分格间分摊小于2mm。

幕墙立柱标高定位：确定每层立柱顶标高与楼层标高的关系，沿楼板外沿弹出墨线定出立柱顶标高线。

（3）测量工具

经纬仪、水准仪（有时也用水平管）和线坠。

4. 预埋件清理及位置复核

根据放线的位置对预埋件进行复核和调整，以备幕墙安装所用。根据放线的位置对预埋件进行复核，检查其位置是否满足幕墙安装竖向料的要求，如位置偏差不符合要求或漏埋，应进行埋件补埋或增加；对符合要求的埋件，则清理表面的杂质。

连接角码端部在钢板外无法焊接时，切短角码，增加焊缝长度；角码侧边无法焊接时，切去角码边缘，留出焊缝；预埋板两个方向偏差很大时，补钢板；预埋板凹入或倾斜过大时，补加垫板。

5. 骨架安装

（1）立柱安装

对号就位：按照作业计划将要安装的立柱运送到指定的位置，同时注意其表面的保护。

立柱安装一般由底层开始安装、自下而上进行，第一根立柱按吊挂构件先固定上端，用点焊将钢角码临时固定于埋件上，调整后临时固定下端；安装同一楼层相邻几根立柱，点焊临时固定，上一层立柱将下端对准第一根立柱，并保留20mm的伸缩缝，再吊线或对位安装梁上端，依此往上安装。

立柱点焊安装后，对位置进行复核，并进行初调，保持误差＜1mm，待基本安装完后在下道工序中再进行全面调整，同时安装临时横梁，保证立柱不偏位（图7-6）。

（2）横梁安装

立柱初安装完成后，用水准仪抄平：用水准仪每层抄平，在抄平时要先选择每根立柱的水平线。抄平时在立柱的外侧标横梁位置。

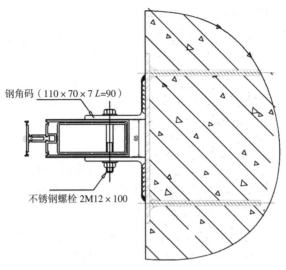

钢角码（110×70×7 L=90）

不锈钢螺栓 2M12×100

图 7-6 立柱安装示意图

横梁就位安装先找好位置，将横梁连接件置于横梁两端，再将横梁垫圈预置于横梁两端，用不锈钢螺栓穿过横梁角码、垫圈及立柱，逐渐收紧不锈钢螺栓，同时注意，观察横梁角码的就位情况，以保证横梁的安装质量。

横梁安装完成后要对横梁进行复核，主要检查以下几个内容：各种横梁的就位是否有错，横梁与立柱接口缝宽是否符合规范要求，横梁是否水平，横梁外侧面是否与立柱外侧面在同一平面上等（图 7-7）。

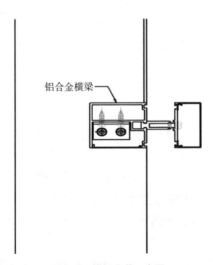

铝合金横梁

图 7-7 横梁安装示意图

（3）钢角码满焊、连接螺栓紧固

横梁安装完成，复核后，对钢角码进行满焊，自上而下进行，做到焊缝饱满，焊脚高度符合设计要求。

（4）骨架整体复核

满焊完成后，对玻璃幕墙钢骨架进行位置复核，以保证立柱的垂直、横梁水平、分格尺寸符合图纸要求，同时紧固所有不锈钢螺栓。

6. 防雷安装

按照《建筑物防雷设计规范》要求，幕墙的防雷系统设计，不仅要考虑顶层雷击，还需考虑侧向雷击。合理的防雷措施，将使外饰面免受雷击，达到安全使用的功能。本幕墙设计中，预埋件与防雷网（均压环）有可靠的连接，幕墙结构也通过铝片与预埋件相连，使幕墙形成防雷网络，达到避雷目的。

防雷系统采用幕墙金属构架通过连接节点钢构件和预埋钢板，设置与建筑外墙的避雷网带（均压坏）相连接的扁钢带，彼此按照电器通路要求，进行电焊。确保所有在均压层的支座金属板与铝构架导通，确保安全可靠。为防主框与插芯之间接触不好产生空抗阻，在每根立挺的伸缩缝接头处用可伸缩导线进行跨接，确保接地电阻畅通。

资源要求：带铜鼻子的连接导线、手工工具。

7. 防火层安装

在幕墙框架与工程建筑主体交接之处做封修处理。首先根据封修节点结构把封修板加工成设计要求的形状。安装时一侧用抽钉或自攻钉与框架连接在一起，另一侧与主体保持足够的接触面，用射钉固定。封修之间相互搭接，搭接面用抽钉固定，搭接缝注入相应的密封胶。封修板与主体结合处注入建筑密封膏。玻璃幕墙四周与主体结构之间缝隙采用防火保温材料堵塞，厚度不小于100mm，抗火指标达到相关要求（2h），内外表面用防火密封胶封闭，以保证接缝处的严密。为了起到保温防火的目的，封修板内部及层间封修之间还要用保温岩棉等材料填充。

资源需求：设计图纸、镀锌薄钢板、防火岩棉、防火胶、折弯机、角钢、膨胀螺栓、拉铆枪、裁纸刀。

关键工序：防火板弯制、防火棉和保温棉的安装。

8. 隐框玻璃板块安装（隐框或半隐框玻璃幕墙）

如工程为隐框或半隐框玻璃幕墙，则使用的玻璃板块需在专业的生产车间制作。

（1）定位划线：确定玻璃板块在立面上的水平、垂直位置，并在主框格上划线。

（2）调整：玻璃板块临时固定后对板块进行调整，调整标准为横平、竖直、面平。

（3）固定：用压块把玻璃板块固定在主框格上。压块间距不大于 300mm。上压块时要注意钻孔，螺栓采用 M5×20 不锈钢机械螺栓。压块一定要压紧。

9. 玻璃安装（明框玻璃幕墙）

在安装时根据设计图纸，确定每块玻璃在整个建筑立面的位置做相应的编号，在安装时将板块放在横梁槽口，下部垫有橡胶垫，并用不锈钢螺钉通过压块压住玻璃板块。

10. 铝合金幕墙装饰扣条安装（明框玻璃幕墙）

幕墙玻璃用压块固定后安装铝合金扣条，线条安装时压板已安装于玻璃表面，底座经过调整后，固定，安装金属口条，打胶密封。

11. 注耐候密封胶

注胶前，必须选用二甲苯溶剂对基材表面进行清理，注胶应密实。注胶不准有漏缺、气泡存在，并视气候温度及时刮平、修整。

幕墙单元组件安装完毕或完成一定单元时，对尺寸进行复核，调整完毕后，对缝隙进行填缝处理，先将填缝部位用清洁剂按规定的工艺流程进行净化，塞入泡沫条，在两侧玻璃、型材上贴美纹纸，塞入泡沫条、用硅酮耐候密封胶填缝。注胶做到耐候胶与玻璃粘结牢固，玻璃与玻璃或玻璃与铝板之间缝隙用耐候胶封胶封缝，并使用修胶工具修整，之后揭除遮盖压边胶带，并清洁玻璃及主框表面，保证胶缝平整光滑美观。

12. 清洁收尾

清洁收尾是工程竣工验收前的最后的工序，虽然安装已经完成，但为求完美的饰面质量此工序不能随便应付，必须花一定的人力和物力。

玻璃表面的胶痕和其他污染物可用刀片刮干净并用中性溶剂洗涤后用清水冲洗干净。室内面处的污染物要特别小心，不得大力擦洗或用刀片等利器刮擦，只可用溶剂、清水等清洁。在全过程中注意成品保护。

13. 验收

每次板块安装时，从安装过程到安装完后，全过程进行质量控制，验收也是穿插于全过程中，验收的内容有：板块自身是否有问题；胶缝是否横平竖直；胶缝大小是否符合设计要求；验收记录，上压块固定属于隐蔽工程的范围，要按隐蔽工程的有关规定做好各种资料。

（五）玻璃幕墙工程的质量要求及检验方法

表 7-1、表 7-2 的要求适用于建筑高度不大于 150m、抗震设防烈度不大于

8 度的玻璃幕墙的质量验收。

明框幕墙安装的允许偏差及检验方法　　　　　　表 7-1

项次	检验项目		允许偏差（mm）	检验方法
1	墙面垂直度	幕墙高度≤30m	10	用经纬仪检查
		30m＜幕墙高度≤60m	15	
		60m＜幕墙高度≤90m	20	
		幕墙高度＞90m	25	
2	幕墙平面度	幕墙幅宽≤35m	5	用水平仪检查
		幕墙幅宽＞35m	7	
3	构件直线度		2	用2m靠尺和塞尺检查
4	构件水平度	构件长度≤2m	2	用水平仪检查
		构件长度＞2m	3	
5	相邻构件错位		1	用钢直尺检查
6	分格框对角线长度差	对角线长度≤2m	3	用钢直尺检查
		对角线长度＞2m	4	

隐框、半隐框玻璃幕墙安装的允许偏差及检验方法　　　　表 7-2

项次	检验项目		允许偏差（mm）	检验方法
1	墙面垂直度	幕墙高度≤30m	10	用经纬仪检查
		30m＜幕墙高度≤60m	15	
		60m＜幕墙高度≤90m	20	
		幕墙高度＞90m	25	
2	幕墙平面度	幕墙幅宽≤35m	5	用水平仪检查
		幕墙幅宽＞35m	7	
3	幕墙表面平整度		2	用2m靠尺和塞尺检查
4	板材立面垂直度		2	用垂直检测尺检查
5	板材上沿水平度		2	用1m水平尺和钢直尺检查
6	相邻板材板角错位		1	用钢直尺检查
7	阳角方正		2	用直角检测尺检查
8	接缝直线度		3	拉5m线，不足5m拉通线，用钢直尺检查
9	接缝高低差		1	用钢直尺和塞尺检查
10	接缝宽度（与设计值比较）		1	用钢直尺检查

二、金属幕墙

（一）金属幕墙的构造

金属幕墙的结构构造与玻璃幕墙类似，但因其骨架一般不外露，龙骨断面形式较为简单，以满足强度、刚度及便于安装和连接为原则，其骨架一般为铝合金型材或钢型材。

幕墙与结构连接件使用预埋件，对后置埋件必须进行现场拉拔试验，并有拉拔强度检测报告。连接件及转接件应有可调功能。所用埋件、龙骨、连接件、转接件、螺栓、螺钉等均应为防腐材料或经过有效的防腐处理。

金属幕墙所使用的面材主要有以下几种：铝复合板、单层铝板、铝蜂窝板、防火板、钛锌塑铝复合板、夹芯保温铝板、不锈钢板、彩涂钢板、珐琅钢板等（图7-8）。

图 7-8 某工程铝板幕墙

常见的金属幕墙节点如图 7-9 所示。

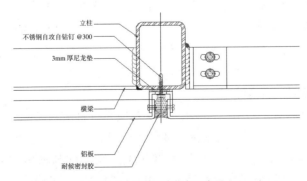

图 7-9 铝板幕墙节点示意图

（二）金属幕墙的安装施工

1. 施工顺序

清理埋件→测量放线→连接件安装→龙骨安装→防腐、防水处理→防火、保温安装→金属板块安装→清洁检查→竣工验收。

2. 施工准备

（1）详细核查施工图样和现场实测尺寸，以确保设计加工的完善，同时认真与结构图样及其他专业图样进行核对，以便及时发现其不相符部位，尽早采取有效措施修正。

（2）安装施工前要搭设脚手架或安装吊篮，并将金属板及配件用塔吊、外用电梯等垂直运输设备运至各施工面楼层上。

（3）加工、焊接、钻孔、锯割、安装、打胶等工具准备。

3. 预埋件的埋设

幕墙分包商应提供预埋件材料及施工图，委托土建施工单位负责安放。施工过程中，须严格按预埋施工图安放预埋件，其允许位置尺寸偏差为 ±20mm。幕墙分包商应根据土建施工单位提供的轴线和中线，认真检查预埋件安放位置及埋设质量。

4. 测量放线

根据土建单位提供的基准线及轴线控制点，将所有预埋件清出，并复测其位置及尺寸。根据基准线在底层检查墙的水平宽度及误差尺寸，并用经纬仪向上引数条垂线，以确定幕墙转角位置和立面尺寸。根据轴线和中线确定每一立面的中线。测量放线时应控制分配误差，不使误差积累，且应在风力不大于4级的情况下进行。放线后应定时校核，以保证幕墙垂直度及立柱位置的正确性。

5. 连接件安装

铁角码须按设计图加工，表面应进行热浸镀锌处理。根据图样及放线位置，将铁码焊接固定于预埋件上。焊接时，应采用对称焊，以控制焊接变形，焊缝不得有夹渣和气孔。检查合格后，敲掉焊渣，对焊缝涂防锈漆进行防锈处理。待幕墙校准之后，将组件铝码用螺栓固定在铁码上。

6. 铝合金型材（钢型材）安装

（1）检查放线是否正确，并用经纬仪对横竖杆件进行贯通，尤其是对建筑转角、变形缝、沉降缝等部位进行详细测量放线。

（2）用不锈钢螺栓把立柱固定在铁码上。在立柱与铁码的接触面上放上1mm厚绝缘层，以防金属电解腐蚀。校正立柱尺寸后拧紧螺栓。

（3）通过铝角将横梁固定在立柱上。安装好后用密封胶密封横梁间的接缝。

（4）检查立柱和横梁的安装尺寸，其允许偏差应符合：立柱安装标高偏差不应大于 3mm，轴线前后偏差不应大于 2mm，左右偏差不应大于 3mm，相邻两根横梁的水平标高偏差不应大于 1mm。

（5）将螺栓、垫片焊接固定于铁码上，以防止立柱发生位置偏移。

（6）所有不同金属触面上应涂上保护层或加上绝缘垫片，以防电解腐蚀。

（7）根据技术要求验收铝合金（型钢）框架的安装，验收合格后再进行下一步工序。

7. 防火棉安装

幕墙中，在各楼层或各防火分区之间，均应采取隔离措施。一般要求铺设优质防火棉，其抗火期要达到有关部门要求。防火棉要用厚度不小于 1.5mm 镀锌钢板固定。应使防火棉连续地密封于楼板与金属板之间的空位上，形成一道防火带，中间不得有空隙。

8. 隔热材料安装

隔热材料通常使用阻燃型聚苯乙烯泡沫板、隔热棉等材料。隔热材料尺寸应根据实墙位（不见光位）铝合金框架的内空尺寸现场裁割。将裁好的隔热材料用金属丝固定于立柱或横梁的铝角上。在重要建筑中，常用镀锌薄钢板或不锈钢板将保温材料封闭，作为一个构件安装在骨架上。

9. 防雷保护

整片幕墙框架具有连续而有效的导电性，幕墙设计应提出足够的防雷保护接合端，并由整个大厦防雷系统的施工单位提供足够的接地端，以便与防雷系统直接连接。一般要求防雷系统直接接地，不应与供电系统合用接地地线。

10. 金属板安装及技术要求

安装前，将分放好的金属板分运至各楼层适当位置；检查铝（钢）框对角线及平整度；用清洁剂将金属板靠室内面一侧及铝合金（型钢）框表面清洁干净。按施工图将金属板放置在铝合金（型钢）框架上，用螺栓与铝合金（型钢）骨架固定。安板后，按设计要求嵌入橡胶条，或放置衬垫棒后注入密封胶封堵。注胶时需将基材表面用清洁剂清洗干净，在缝隙两侧粘贴保护胶带，以保证粘结牢固，防止污染。注胶深度应不小于宽度的 1/2。对横梁上需安装扣板者应压盖平直。

金属板安装完毕，在易受污染部位用胶纸贴盖或用塑料薄膜覆盖保护；易被划碰的部位，应设安全护栏保护。

11. 细部及收口处理

墙板节点构造、水平部位的压顶、端部的收口、伸缩缝的处理、不同材料交接部位的处理等，不仅对结构安全与使用功能有着较大的影响，而且也关系到建筑装饰效果。施工时，应严格按照构造设计，正确使用配套的骨架材料和收口部件，以做好各复杂部位的处理。

（三）金属幕墙施工质量要求

（1）金属幕墙工程所使用的各种材料和配件，应符合设计要求及国家现行产品标准和工程技术规范的规定。有产品合格证书、性能检测报告、材料进场验收记录和复验报告。

（2）幕墙的造型和立面分格，金属面板的品种、规格、颜色、光泽及安装方向均应正确。

（3）各种变形缝、墙角的连接节点应符合设计要求和技术标准的规定。

（4）幕墙的板缝注胶应饱满、密实、连续、均匀、无气泡，宽度和厚度应符合设计要求和技术标准的规定。幕墙应无渗漏。

（5）金属板表面应平整、洁净、色泽一致。压条应平直、洁净、接口严密、安装牢固。

（6）封胶缝应横平竖直、深浅一致、宽窄均匀、光滑顺直，滴水线、流水坡向应正确、顺直。

（四）金属板幕墙安装的允许偏差及检验方法

金属板幕墙安装的允许偏差及检验方法见表7-3、表7-4。

每平方米金属板表面质量及检验方法　　　　表7-3

项次	项目	质量要求	检验方法
1	明显划伤和长度＞100mm 的轻微划伤	不允许	观察
2	长度≤ 100mm 的轻微划伤	≤ 8 条	用钢尺检查
3	擦伤总面积	≤ 500mm²	用钢尺检查

金属板幕墙安装的允许偏差及检验方法　　　　表7-4

项次	检验项目		允许偏差（mm）	检验方法
1	墙面垂直度	幕墙高度≤ 30m	10	用经纬仪检查
		30m ＜幕墙高度≤ 60m	15	
		60m ＜幕墙高度≤ 90m	20	
		幕墙高度＞ 90m	25	

续表

项次	检验项目		允许偏差（mm）	检验方法
2	幕墙平面度	幕墙幅宽≤35m	5	用水平仪检查
		幕墙幅宽＞35m	7	
3	幕墙表面平整度		2	用2m靠尺和塞尺检查
4	板材立面垂直度		2	用垂直检测尺检查
5	板材上沿水平度		2	用1m水平尺和钢直尺检查
6	相邻板材板角错位		1	用钢直尺检查
7	阳角方正		2	用直角检测尺检查
8	接缝直线度		3	拉5m线，不足5m拉通线，用钢直尺检查
9	接缝高低差		1	用钢直尺和塞尺检查
10	接缝宽度（与设计值比较）		1	用钢直尺检查

三、石材幕墙

某工程石材幕墙如图7-10所示。

图7-10　某工程石材幕墙

（一）石材幕墙的基本构造

常用的石材幕墙有挂件式和背栓式两种安装方式。两种安装方式骨架的制作安装方式相同,区别主要在石材面板的安装上,挂件式安装采用石材侧面开槽,挂件勾入石材侧面槽内,采用双组分胶进行固定,挂件与骨架采用螺栓连接（图7-11）。背栓式是在石材的背面上用专用钻机和钻头钻孔,能使底部扩孔,并可保证准确的钻孔深度和尺寸。锚栓装入孔内后,拧紧螺母,使其通过间隔套管压下扩压环,迫使扩压环张开并填满孔底,形成凸形结合。锚栓锚固在板材的背部,装上挂件后挂于龙骨上（图7-12）。

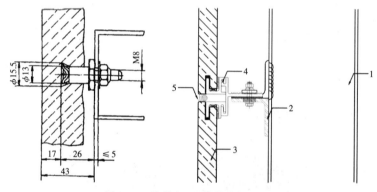

图 7-11　挂件式石材幕墙节点示意图

1—立柱；2—横梁；3—石材；4—铝合金挂件；5—耐候胶

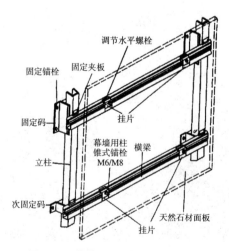

图 7-12　背栓式石材幕墙节点示意图

（二）石材幕墙的安装施工

1. 施工顺序

施工工艺流程如图 7-13 所示。

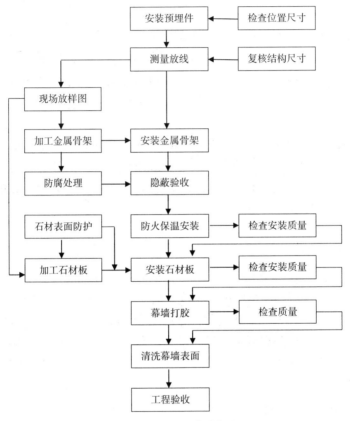

图 7-13 施工工艺流程图

2. 施工准备

（1）详细核查施工图样和现场实测尺寸，以确保设计加工的完善，同时认真与结构图样及其他专业图样进行核对，以便及时发现其不相符部位，尽早采取有效措施修正。

（2）安装施工前要搭设脚手架或安装吊篮，并将石材及配件用塔吊、外用电梯等垂直运输设备运至各施工面楼层上。

（3）加工、焊接、钻孔、锯割、安装、打胶等工具准备。

3. 预埋件的埋设

预埋件应在结构施工时埋设，幕墙施工前要根据该工程基准轴线和中线以及基准水平点对预埋件进行检查和校核，一般允许位置尺寸偏差为 ±20mm。如有预埋件位置超差而无法使用或漏放时，应根据实际情况提出选用后置埋板的方案，并须报设计单位审核批准，且应在现场做拉拔试验。

4. 测量放线

由于土建施工允许误差较大，而幕墙施工要求精度很高，所以不能依靠土建水平基准线，必须由基准轴线和水准点重新测量复核。按照设计在底层确定幕墙定位线和分格线位。用经纬仪或激光垂直仪将幕墙阳角和阴角线上引，并用固定在钢支架上的钢丝线做标志控制线。使用水平仪和标准钢卷尺等引出各层标高线。确定好每个立面的中线。

放线时需注意：测量时应控制分配测量误差，不能使误差积累。测量放线应在风力不大于四级情况下进行，并要采取避风措施。放线定位后要对控制线定时校核，以确保幕墙垂直度和金属立柱位置的正确。有外立面装饰工程应统一放基准线，并注意施工配合。

5. 龙骨安装

（1）立柱的安装

立柱采用热镀锌方管或槽钢，立柱的间距根据计算设计要求确定。先将立柱用螺栓组临时与槽钢连接件进行连接，用托线板检查垂直，拉通线检查平整，校正后拧紧螺栓组。上下立柱之间应有不小于 15mm 的缝隙，所有主龙骨安装完后要进行检查，达到要求后再进行除渣。除渣完毕后，所有焊接部位刷防锈漆三遍进行防锈防腐处理。

（2）横梁的安装

横梁采用热镀锌角钢，横梁的间距根据面层石板的大小确定。

将墙面上横梁位置线引到立柱上。在安装横梁之前，根据施工图要求，定出连接位置，并用台钻钻洞，用螺栓将横梁与立柱固定连接。

所有横梁安装完后要进行检查，然后调平固定。

横梁安装一定长度内必须设有不小于 15mm 的变形缝，横梁变形缝的间距根据窗的位置进行调整设置，以满足钢框架的变形要求。

6. 防雷安装

按照《建筑物防雷设计规范》要求，幕墙的防雷系统设计，不仅要考虑顶层雷击，还需考虑侧向雷击。合理的防雷措施，将使外饰面免受雷击，达到安全使用的功能。本幕墙设计中，预埋件与防雷网（均压环）有可靠的连接，幕墙结构也通过铝片与预埋件相连,使幕墙形成防雷网络,达到避雷目的。

防雷系统采用幕墙金属构架通过连接节点钢构件和预埋钢板,设置与建筑外墙的避雷网带(均压坏)相连接的扁钢带,彼此按照电器通路要求,进行电焊。确保所有在均压层的支座金属板与铝板构架导通,且与大厦四周防雷体系焊成一体,确保安全可靠。为防主框与插芯之间接触不好产生空抗阻,在每隔六根立挺的伸缩缝接头处用"Ω"形扁钢跨接,确保接地电阻畅通。

资源要求:"Ω"形扁钢、手工工具。

7. 石板安装

(1)工艺操作流程

施工准备→检查验收石材板块→将板块按顺序堆放→初安装→加固→验收。

(2)施工准备

由于板块安装是整个幕墙安装中最后的成品环节,在施工前要做好充分的准备工作。在安排计划时首先根据实际情况及工程进度计划要求排好人员,一般情况下每组安排生产 3~6 人。要检查施工工作面的板块是否到场,是否有没有到场或损坏的板块,另外要检查扣件、石材胶等材料及易耗品是否满足使用。施工现场准备要在施工段留有足够的场所满足安装需要,同时要对排栅进行清理并调整排栅满足安装要求。

(3)检查验收石材板块

检查的内容有:规格数量是否正确;各层间是否有错位;堆放是否安全、可靠;是否有误差超过标准的板块;是否有色差超过标准的板块;是否有已经损坏的板块。

验收的内容有:三维误差是否在控制范围内;是否有损伤,该更换的要更换;胶是否有异常现象;抽样做结构胶粘结测试。

检查验收要做好详细的记录并装订成册。

(4)吊幕墙平面基准线

幕墙龙骨安装调整完毕后,自石材幕墙顶部吊幕墙纵向平面线。此平面线一般选在幕墙平面右侧转角位置。吊线要综合考虑花岗石幕墙与其他种类幕墙的配合,同时要考虑石材幕墙本身平面的调节能力。每个平面的转角均应吊竖直线。

(5)拉水平线

根据设计及施工实际情况确定石材幕墙的底边位置,在两条竖直线之间拉一条水平线。水平线和竖直线确定石材平面。

(6)石材的固定与调整

将已安装铝合金扣件(挂件式)或背栓螺栓(背栓式)的石材挂在挂件上固定;

如果石材与平面线不平齐则调整微调螺栓，调整平齐，紧固螺栓；安装止滑螺栓；后一块板的安装以前一块板及纵横平面线为基准。其他与第一块同。同时须注意调整幕墙的横缝直线度、竖缝直线度、拼缝宽度允许偏差符合规范要求；是否有色差超过标准的板块；是否有已经损坏的板块。

（7）调整后及时加固，确保每一块石材的安装成功率。

8. 注耐候密封胶

注胶前，必须选用干净抹布对缝隙周围基材表面及缝隙进行清理，垫入泡沫条，防止密封胶三面粘结。注胶应密实。注胶不准有漏缺、气泡存在，并视气候温度及时刮平、修整。

下雨天，阵风在 5 级以上或伴有风沙、夏天正对直射阳光及气温 0℃以下时不允许注胶。

资源要求：清洁剂、清洁布、纸胶带、结构胶、耐候胶、刮胶铲、胶枪。

关键工序：胶缝清洁、注胶。

技术要求：清洁胶缝后，应尽快注胶，避免落灰。现场要派人跟踪并检查清洁质量。注胶要饱满、连接，防止产生气泡。收胶要光滑流畅。抽样做耐候胶的粘结试验，并做好记录。

9. 清洁收尾

清洁收尾是工程竣工验收前的最后的工序，虽然安装已经完成，但为求完美的饰面质量此工序不能随便应付，必须花一定的人力和物力。

石材表面的胶痕和其他污染物可用刀片刮干净并用中性溶剂洗涤后用清水冲洗干净。在全过程中注意成品保护。

（三）石材幕墙施工质量要求

（1）石材幕墙工程所用材料的品种、规格、性能和等级，应符合设计要求及国家现行产品标准和工程技术规范的规定。

（2）幕墙的造型、立面分格、颜色、光泽、花纹和图案应符合设计要求。

（3）石材孔、槽的数量、深度、位置、尺寸应符合设计要求。

（4）石材幕墙主体结构上的预埋件和后置埋件的位置、数量及后置埋件的拉拔力必须符合设计要求，并有拉拔力检测报告和隐检工程验收记录。

（5）金属框架立柱与主体结构预埋件的连接、立柱与横梁的连接、连接件与金属框架的连接、连接件与石材面板的连接必须符合设计要求，安装必须牢固。

（6）金属框架和连接件进行防腐处理应符合设计要求。

（7）防雷装置必须与主体结构防雷装置可靠连接。

（8）幕墙的防火、保温、防潮材料的设置应符合设计要求,填充应密实、均匀、厚度一致。

（9）各种结构变形缝、墙角的连接节点应符合设计要求和技术标准的规定。

（10）石材表面和板缝的处理应符合设计要求。

（11）幕墙的板缝注胶应饱满、密实、连续、均匀、无气泡,板缝宽度和厚度应符合设计要求和技术标准的规定。

（12）石材幕墙应无渗漏。

（13）石材幕墙安装的允许偏差及检验方法见表 7-5、表 7-6。

每平方米石材表面质量及检验方法　　　　表 7-5

项次	项目	质量要求	检验方法
1	明显划伤和长度＞100mm 的轻微划伤	不允许	观察
2	长度≤100mm 的轻微划伤	≤8 条	用钢尺检查
3	擦伤总面积	≤500mm^2	用钢尺检查

石材幕墙安装的允许偏差及检验方法　　　　表 7-6

项次	检验项目		允许偏差（mm）		检验方法
			光面	麻面	
1	墙面垂直度	幕墙高度≤30m	10		用经纬仪检查
		30m＜幕墙高度≤60m	15		
		60m＜幕墙高度≤90m	20		
		幕墙高度＞90m	25		
2	幕墙水平度		3		用水平仪检查
3	板材立面垂直度		3		用垂直检测尺检查
4	板材上沿水平度		2		用 1m 水平尺和钢直尺检查
5	相邻板材板角错位		1		用钢直尺检查
6	幕墙表面平整度		2	3	用直角检测尺检查
7	阳角方正		2	4	用直角检测尺检查
8	接缝直线度		3	4	拉 5m 线,不足 5m 拉通线,用钢直尺检查
9	接缝高低差		1	-	用钢直尺和塞尺检查
10	接缝宽度（与设计值比较）		1	2	用钢直尺检查

第三节　单元式幕墙

一、单元式幕墙基本构造

单元式幕墙主要可分为单元式幕墙和半单元式幕墙，其中半单元式幕墙详分又可分为立挺分片单元组合式幕墙和窗间墙单元式幕墙。上述单元式幕墙分类有所不同，但其基本原理完全一致。它和框架式幕墙在制作原理设计施工上有着本质上的差异（图 7-14 ~ 图 7-16）。

图 7-14　某工程单元式幕墙

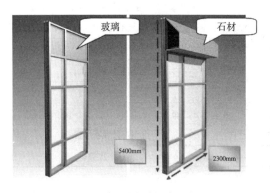

图 7-15　单元式幕墙板块示意图

图 7-16　某单元式幕墙板块节点示意图

二、单元式幕墙的安装施工

（一）施工顺序

施工工艺流程如图 7-17 所示。

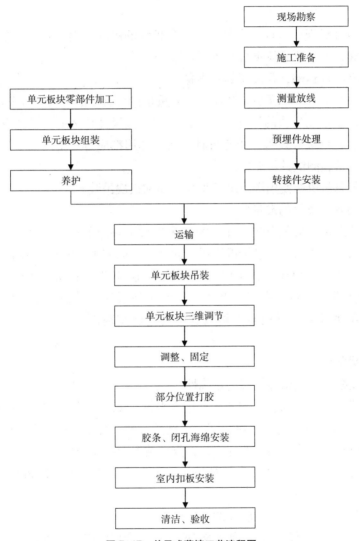

图 7-17 单元式幕墙工艺流程图

（二）工程施工准备

1. 技术准备工作

（1）组织设计人员对现场安装工人进行技术交底，熟悉本工程单元式幕墙的技术结构特点，详细研究施工方案，熟悉质量标准，使工人掌握每个工序的技术要点。

（2）项目经理组织现场人员学习单元板块的吊装方案，着重学习掌握吊具的额定荷载、各种单元体重量等重要参数。

2. 单元板块运输，吊装机具的准备

（1）根据本工程单元板块几何尺寸、重量设计合适的板块周转架。

（2）根据单元板块的尺寸、重量及吊装方法设计合适的吊具及选用合适的电动捯链、起重架等设备，所有机具设备的选用都应有一定的安全系数，重要部件应通过试验测试其可靠性。

（3）与总包协调使用塔吊进行垂直运输和板块吊装。

3. 现场施工条件的准备

（1）首层平面应划分出专用区域用来进行板块卸车及临时存放，此区域应在塔吊使用半径之内。当塔吊拆除后，此区域应能实现用汽车吊卸车。

（2）为实现板块运到各楼层，每隔 5 ~ 8 层应设一个板块存放层，在此层应设一钢制进货平台，由塔吊及进货平台实现板块由地面至存放层的垂直运输。当塔吊拆除后，可用施工用人货两用电梯实现极少量的单元板块的垂直运输。

4. 测量放线

（1）复核土建结构标高线的正确性

以土建的 ±0.00 标高为基准，利用水平仪、50m 长卷尺及适当重量的重物，每隔 5 ~ 10 层为阶段复核土建标高的正确性。如发现土建标高不准确，应另做标记，并应有"幕墙专用"的标识，将复核情况上报总包单位及监理。

标高复核时应着重注意由于楼体沉降而产生的主、裙楼标高不一的情况，应确保主、裙楼标高的一致性。

（2）确定幕墙施工测量放线的基准层

楼体平面变化层确定为一基准层。两测量基准层间隔层数不宜大于7 ~ 8层。复核基准层土建基准点、线的闭合情况，用经纬仪、50m 长卷尺复核土建基准点、线的角度、距离，如发现偏差应进行均差处理。当测量时应注意考虑温度、拉尺力量测量结果的影响，应进行适当的修正。当发现测量结果有较大偏差时，

应及时上报总包及监理公司，进行联合测量、纠偏。以复核过的基准点或基准线为依据，做出转接件施工所需的辅助测量线。依据正确的控制线及主体结构图进行结构边缘尺寸的复核，如发现超差现象及时上报总包进行剔凿，以免影响板块的安装进度。

5. 预埋件处理

对于已预埋的埋件，要先进行清理，使埋件露出金属面，并检查埋件周围楼板、墙体的平整度。检查预埋位置及数量是否与设计图纸相符。埋件平面位置允许偏差 ±20mm；标高允许偏差 ±10mm；表面平整度 ≤ 5mm。同时检查埋件下方混凝土是否填充充实。

6. 转接件的安装

基准层转接件的安装，间隔 3～4 个转接件选择一个作为基准转接件，此转接件直接依据轴线做出，中间转接件以做出的基准转接件为定位基准，进行定位安装。安装时首先调整埋件，使每层的埋件均处在安装偏差允许范围内，然后固定，这样可保持转接件的统一性，以确保幕墙平整度。当两个基准层的转接件施工完毕后，就可拉设钢线准备安装两基准。因转接件为单元式幕墙的承力部件，各部位螺栓应认真检验锁紧力矩是否达到设计要求，这对于安全生产是非常重要的。

7. 单元板块、构件的搬运、储存及保护

（1）搬运时不要跌落、滚动或在地上拖拽单元板块和幕墙构件，避免单元板块和构件发生变形和损坏。

（2）单元板块及幕墙构件在移动和堆叠时，应有合理的支撑装置，防止单元板块变形。

（3）用叉车搬运单元板块时应特别注意，不要撞击到单元板块和幕墙构件，以免发生损坏。

（4）单元板块、构件应避免暴露在雨水中，板块下应垫方木，高度不小于50mm。

（5）单元板块、构件放置应远离水、水泥砂浆及喷涂、焊接作业等，放置损坏装饰面。

8. 单元板块的安装

在安装作业处的上部，调整好吊机的位置，必须认真检查确认吊机的配重、卷扬机、开关器、钢缆、制动系统等是否完好正常。检查合格后，将钢缆往下降至安装楼层处。用 2 个卸扣分别穿入单元板块上钢挂件的吊装孔内，卸扣螺栓必须拧紧到位。

安装作业层的施工人员通过对讲机指挥吊机操作人员慢速启动吊机，将单元板块吊起出楼层呈直立状。在单元板块起吊过程中，上、下作业层的安装人员应协调一致，特别是上一层的安装人员应注意往外用力扶持住幕墙单元板块，防止幕墙单元板块在起吊过程中碰撞结构楼板。

　　将吊出楼面、呈直立状幕墙单元板块底部 U 形凹槽口准确放入下层已安装到位的单元板块顶横料固定连接件内，然后将单元板块竖框 U 形凹槽口从水平方向装入相邻单元板块的竖料固定连接内。

　　单元板块安装初步到位后，第一步通过调节螺栓大致调整单元板块的标高，然后用水准仪进行观测，继续调整直至单元板块被调整至规定的标高。第二步用重锤检查单元板块中立柱的垂直度。单元板块经过上述步骤安装到位后，可卸除吊装卸扣，继续准备下一块单元板块的安装（图 7-18）。

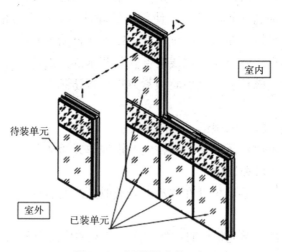

图 7-18　单元板块安装顺序

9. 单元板块的三维调节

　　（1）通过埋件和转接件对幕墙的进出及左右方向位置进行调节，此步骤在单元板块吊装前完成。

　　（2）用预置在单元挂件中的紧定螺栓调整单元高度，旋转使单元板块高度上升，反方向旋转使单元板块高度下降，此步骤在单元板块吊装后完成。

　　（3）通过三维调整可确保单元板块水平、垂直，且在正确的标高。

　　（4）调整完毕后，每个单元用不锈钢自攻自钻单侧将握手挂件与转接件固定在一起（图 7-19）。

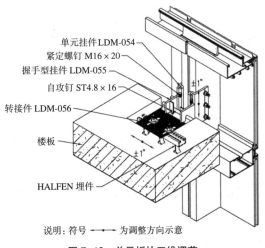

单元挂件 LDM-054
紧定螺钉 M16×20
握手型挂件 LDM-055
自攻钉 ST4.8×16
转接件 LDM-056
楼板
HALFEN 埋件

说明：符号 ⟶ 为调整方向示意

图 7-19　单元板块三维调节

10. 相邻单元板块打胶

（1）两相邻单元板块安装完毕后，应在上横框插芯接缝及周围部位打密封胶。

（2）打胶前对须打胶的部位进行清洁处理，并贴胶带进行保护。

（3）为便于打胶，打胶前可在接缝中填充泡沫棒或者板块安装前在上横框的下面粘单面贴。

（4）胶缝外形光滑美观，与单元上横框外形一致，打胶时注意防止硅胶过量导致的堆积和堵塞。

（5）待密封胶表干后将可视部位的保护胶带清理干净，特别注意上横框排水孔处的清理，防止残留密封胶或其他材料堵塞排水孔，造成幕墙使用过程中的排水困难（图 7-20）。

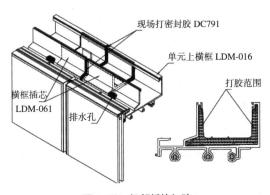

现场打密封胶 DC791
单元上横框 LDM-016
打胶范围
横框插芯 LDM-061
排水孔

图 7-20　相邻板块打胶

11. 注水试验

（1）在开始操作下一个楼面（或分区）之前，检查所有的水平连接点以保证气密、水密。

（2）当同一层单元或同一层的几个单元安装完毕后，在上层单元安装之前应做注水试验。

（3）用耐水板、密封胶将相邻的一个或几个单元的上横框插芯两端封住，堵住排水孔。在两封堵板间注满水，1~2h 后检查单元板块交接打胶部位是否渗漏，检验无渗漏方可继续按照上层单元施工。

（4）试验后将密封胶、封堵板、排水孔封堵材料等清理干净（图 7-21）。

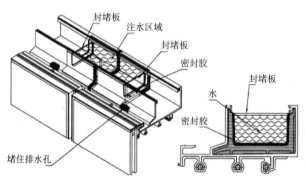

图 7-21　注水试验

12. 单元上横框胶条的安装

（1）先用沉头螺钉将托胶条角片固定在上横框的相应位置上，此步骤在工厂完成。

（2）将上横框胶条安装在上横框和玻璃护边的胶条槽口上，上横框胶条应通长布置，胶条交接处应与单元板块的插接缝错开位置，并在交接面上涂满密封胶，保证幕墙的水密、气密性能。

（3）胶条安装后在每个单元板块的上横框胶条位置上开两个排水口，开口尺寸及排水口中心距分格线的距离按设计要求确定（图 7-22）。

13. 单元下横框胶条的安装

（1）下横框胶条在相邻两单元板块插接处为阶梯状搭接，使搭接处更容易适应插接缝的变化，而且下横框胶条交接处不易出现因板块缝大而露出空洞的现象。

（2）在单元板块安装过程中，当下横框胶条即将插接到位时要注意观察胶

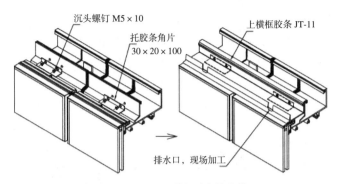

图 7-22 单元上横框胶条的安装

条的搭接状态，若下横框胶条因安装过程出现串位等现象，使相邻两单元板块的下横框胶条缝隙过大或过小变形时，应用工具及时调整下横框胶条位置，使胶条搭接满足设计要求。

（3）需注意翻窗处下横框胶条搭接情况较特殊，翻窗单元板块下横框胶条两侧均在外侧搭接，这样可以保证翻窗的开关自如（图7-23）。

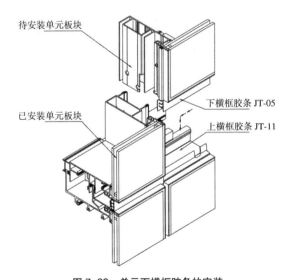

图 7-23 单元下横框胶条的安装

14. 单元板块交接处闭孔海绵的安装

（1）在安装上层单元板块之前，在上横框插芯处防止闭孔海绵1，长度与横框插芯相同，横框插芯上事先涂少许密封胶，可防止闭孔海绵移动。

（2）在待安装单元板块的下横框处塞入闭孔海绵2和闭孔海绵3，其中闭孔海绵3为通长设置，接头应远离单元板块接缝位置，且结合面涂密封胶。

（3）单元板块下横框在向上横框插入的过程中应主要闭孔海绵1，如发生倾斜现象，应用工具扶正后按照（图7-24）。

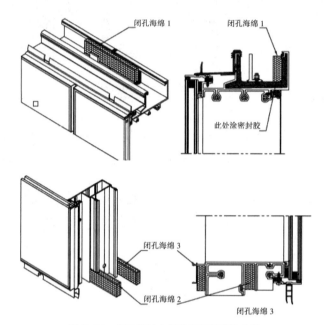

图7-24 单元板块交接处密闭海绵的安装

15. 单元板块装饰扣板的安装

（1）按设计要求将装饰扣板安装在横梁上，安装时要适当调整，使各装饰扣板交接处的间隙均匀，保证室内效果美观。

（2）扣板安装调整后，在相邻扣板的间隙中要打密封胶，一直打到竖框插接缝，胶缝要均匀美观。

（3）单元式幕墙的封修板包括边封修、顶封修、底封修等，具体施工参照设计要求。

16. 幕墙清理

（1）整体外装工程，在施工完毕后，进行一次室内、室外全面彻底清洗，清洗顺序按照自上而下、先室内后室外的顺序清洗。

（2）玻璃、铝合金型材清洗时，用中性清洗剂，清洗前须先做检查，证明对铝合金无腐蚀。

（3）清洗幕墙时，要注意成品保护，不能损耗装饰面，同时注意清洁工作的安全性。

（三）单元式幕墙施工质量要求

单元式幕墙施工质量要求见表7-7、表7-8。

转接件安装精度要求　　　　　　　　　　　　　　　　表7-7

项次	检验项目	允许偏差（mm）
1	标高	±1.0（有上下调节时≤2.0）
2	连接件两端点平行度偏差	≤1.0
3	距安装轴线水平距离	≤1.0
4	垂直偏差（上下两端点与垂线偏差，包括前后、左右两维）	≤1.0
5	两连接件连接点中心水平距离	≤1.0
6	相邻三连接件（上下、左右）偏差	≤1.0

单元板块安装质量控制标准　　　　　　　　　　　　　表7-8

项次	检验项目	允许偏差（mm）
1	单元板块左右偏差	≤1
2	单元板块进出偏差	≤1
3	单个板块两端标高偏差	≤0.5
4	左右相邻板块进出，标高方向偏差	≤1
5	单个板块垂直度	≤1.5
6	上下相邻板块直线度	≤2
7	相邻板块接缝宽度偏差	±1.0
8	同层板块标高偏差	≤3

第四节　点支承幕墙

一、点支承玻璃幕墙分类

按支承结构分类：主体结构点支承玻璃幕墙、钢结构点支承玻璃幕墙、索杆结构点支承玻璃幕墙、自平衡索桁架点支承玻璃幕墙、玻璃肋支承点支承玻璃幕墙。

　　按玻璃面板支承形式分类：四点支承、六点支承、多点支承、托板支承、夹板支承（图7-25、图7-26）。

图 7-25　某工程点支承玻璃幕墙

图 7-26　部分点支承玻璃幕墙节点示意图

二、点支承幕墙的安装施工

（一）施工顺序

施工工艺流程如图 7-27 所示。

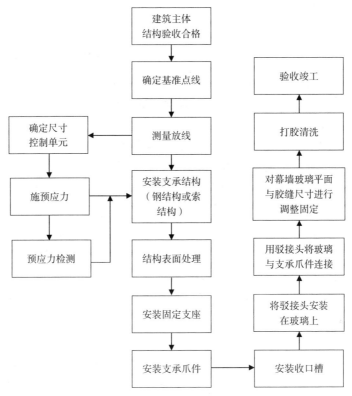

图 7-27 点支撑式幕墙施工工艺流程图

（二）工程施工准备

为了保证玻璃幕墙安装施工的质量，要求安装幕墙的钢结构，应符合有关结构施工及验收规范的要求。主体结构因施工、层间移位、沉降等因素造成建筑物的实际尺寸与设计尺寸不符，因此，在幕墙制作安装前应对建筑物进行测量，测量的误差应及时调整，不得累积，使其符合幕墙的构造要求。

（三）测量放线

（1）根据甲方提供的建筑物标高以及设计图纸，对幕墙所在位置进行测量放线，确定幕墙所在确切位置，核实结构总体标高，把各分层标高标在各层楼板边上，合理分解施工误差。

（2）墙面整体吊垂直，阴阳角找正套方。

（3）用经纬仪在墙面上放出纵横轴线，可在建筑物上弹墨线或用花篮螺栓固定钢丝绳进行定位。再具体放出玻璃幕墙框架分格线，确定驳接座、索桁架或钢结构桁架的安装位置。

（四）预埋件埋设检查和确认

幕墙与主体结构的连接是靠预埋钢板，预埋钢板是在主体施工时按设计要求埋设。所有预埋件按照图纸的尺寸规格精确切割、焊好铁脚，预埋前复核土建的结构尺寸是否与图纸相符，如有不符合的地方进行尺寸调整，按照调整后的尺寸精确放线，能拉通线的全部拉好通线，按照通线确定的位置进行预埋，预埋件的数量、埋设方法和防腐处理应符合设计要求。

幕墙施工时应对土建预埋的预埋件逐个检查。要求预埋件标高偏差±10mm，埋件的位置与设计位置偏差≤20mm。对超过上述标准的预埋件要进行调整，方可进行下道工序的安装。所有预埋件均应做防锈处理，并办理好预埋件交接验收记录，预埋件遗漏或位置偏差过大时，应根据幕墙设计重新补设预埋件，并进行后置埋件的抗拉拔力试验。

预埋件应重点检测标高以保证地锚底板面上的地坪装饰层厚度的要求。

（五）钢结构支撑体系安装

（1）预埋件、支座面和地脚螺栓的位置、标高的尺寸偏差应符合相关的技术规定及验收规范，钢柱脚下的支撑预埋件应符合设计要求，需填垫钢板时，每叠不得多于3块。

（2）钢结构在装卸、运输、堆放的过程中，不得损坏构件并要防止变形，钢结构运送到安装地点的顺序，应满足安装程序的要求。

（3）钢结构的复核定位应使用轴线控制点和测量的标高的基准点，保证幕墙主要竖向及横向构件的尺寸允许偏差符合有关规范及行业标准。

（4）构件安装应按现场实际情况及结构形式采用扩大拼装时，对容易变形的构件应做强度和稳定性验算，必要时应采取加固措施。采用综合安装方法时，要保证结构能划分成若干个独立单元，安装后，均应具有足够的强度和刚度。

（5）确定几何位置的主要构件，如柱、桁架等应吊装在设计位置上，在松开吊挂设备后应做初步校正，构件的连接接头必须经过检查合格后，方可紧固和焊接。

（6）对焊缝要进行打磨，消除棱角和夹角，达到光滑过渡。钢结构表面应根据设计要求喷涂防锈、防火漆。

（六）索桁架体系的安装

索桁架由两层索（承力索和稳定索）以及它们之间的索连系杆、锚具、钢爪等组成。钢索通过锚具与主体结构锚固，然后通过调节连系杆来施加预应力，使钢索绷紧，从而保证钢索体系具有必要的稳定性，在钢索桁架上安装钢爪用来固定玻璃。最后形成了拉索式点式幕墙，其施工可按下列方法完成：

1. 拉索座地锚安装

在主体混凝土柱、楼板面的预埋件上，焊接拉索座地锚、耳板，形成倒 T 形连接件，焊接前要进行测量放线定位，所有的耳板位置定位误差在 ±5mm 以内，拉索座耳板是拉索系统的直接受力件，焊接必须饱满密实。待有关部门验收后，方可进入下一道工序，焊接要补涂两道防锈漆。

2. 钢索体系的安装

（1）根据钢索的设计长度及在设计预拉力作用下钢索延伸长度落料，可在压套前先用钢丝进行预张紧，然后实测钢丝长度，依据该尺寸进行不锈钢索的下料。

（2）在地面按图组装单榀索桁架，并初步固定连系杆。

（3）制作索桁架的上索头和下索头，将钢索和锚具进行压套制作。

（4）将索桁架上索头固定在锚墩上。

（5）张拉钢索并将下索头与地锚筋板采用开口销固定；预应力的施加必须由小到大均衡进行，预应力的张拉，采用扳手调节螺杆达到张紧目的。预应力的大小测定可用扭力扳手通过测定拧紧力矩来推算预应力。由于该预应力为可调预应力，因此，张拉钢索时可适当超 5%，待玻璃安装完后，再由扭矩扳手进行最后的测定。预应力达不到设计值的适当增加一些，保证预应力值与图纸设计值基本相符。

（6）依此安装幕墙立面全部索桁架。

（7）穿水平索，按设计位置调正连系杆的水平位置，并固定；悬空杆的定位要准确，悬空杆与驳接座对角线尺寸要一致。

（8）安装钢爪，使十字钢爪臂与水平成 45° 夹角，H 型钢爪臂与水平成 90°。

（9）测量检验钢爪中心的整体平面度、垂直度，水平度调到满足精度要求，并最终固定调整体索桁架。

3.钢索安装的质量检查

（1）对钢索原材料按国家标准进行验收，进行强度复查，并逐根进行外观检查。

（2）对索头的预紧应力及钢索张拉后的延伸长度进行试验检测。

（3）对索头的制作质量进行检查。

（4）检查索桁架的垂直度，水平连系杆的间距、标高、水平度。

（5）索桁架安装完成后，检查索桁架整体平面度。

（七）驳接系统的固定与安装

1.驳接座的安装

在结构调整结束后按照控制单元所控制的驳接座安装点进行驳接座的安装，对结构偏移所造成的安装点误差可用偏心座和偏心头来校正。

2.驳接爪的安装

在驳接座焊接安装结束后开始定位驳接爪，将驳接爪的受力孔向下，并用水平尺校准两横向孔的水平度（两水平孔偏差应小于 0.5mm）配钻定位销孔，安装定位销。

点支式玻璃幕墙钢爪的安装施工应符合下列要求：

（1）钢爪安装前,应精确定出其安装位置,钢爪的允许偏差应符合设计要求。

（2）钢爪装入后应能进行三维调整，并应能减少或消除结构平面变形和温差的影响。

（3）钢爪安装完成后，应对钢爪的位置进行检验。

（4）钢爪与玻璃点连接件的固定应采用力矩扳手，力矩的控制应符合设计要求及有关规定。力矩扳手应定期进行力矩检测。

3.驳接头的安装

驳接头在安装之前要对其螺纹的松紧度、头与胶垫的配合情况进行 100% 的检查。先将驳接头的前部安装在玻璃的固定孔上并销紧，确保每件驳接头内的衬垫齐全，使金属与玻璃隔离，保证玻璃的受力部分为面接触，并保证锁紧环锁紧密封，锁紧扭矩 10N·m，在玻璃吊装到位后将驳接头的尾部与驳接爪相互连接并锁紧，同时要注意玻璃的内侧与驳接爪的定位距离在规定范围以内。

（八）玻璃板块安装

（1）玻璃安装前的准备

检查及调整脚手架，保证足够的空间吊装玻璃，检查钢爪之间的中心距、水平度,确认与玻璃尺寸相符后方可开始吊装。检查玻璃的规格尺寸,若有崩边、裂口、明显划伤的玻璃不允许安装。清洁玻璃和吸盘上的灰尘,根据玻璃重量确定吸盘个数,严禁使用吸附力不足的吸盘。

（2）采用电动捯链、手动捯链为主,人工辅助相结合的方式,制作一专用钢架,钢架上垫胶,人工用吸盘进行水平搬运,将玻璃搬到钢架上,用尼龙绳绑扎牢固后,用捯链起吊。吊装玻璃前玻璃必须按照先后顺序堆放好,做好编号,以免造成玻璃的重复搬运。

（3）匀速将玻璃送到安装位置。当玻璃到位时,脚手架上人员应尽早抓住吸盘,控制玻璃稳定,以免碰撞,出现意外事故。

（4）玻璃稳定后,上下人员应注意保护玻璃,对于点接式玻璃幕墙来说,当上部有槽时,让上部先入槽;当下部有槽时,先把氯丁胶放入槽内,将玻璃慢慢放入槽中,再用泡沫填充棒固定住玻璃,防止玻璃在槽内摆动造成意外破裂。

（5）中间部位的玻璃,先在玻璃上安装驳接头,玻璃定位后,再把驳接头与钢爪连接。安装过程中,驳接头与玻璃孔之间的缝隙要两面打防水胶,防止渗漏。

（6）玻璃安装好后,应调整玻璃上下、左右、前后的缝隙的大小,其允许偏差不得超过 ±2mm,拧紧驳接头,然后将玻璃固定住。

（7）待全部调整完毕后,应进行整体立面平整度的检查,其平面度偏差不得超过4mm,确认完全无误,符合图纸设计要求后才能进行打胶。

（九）打胶

首先,用二甲苯清洗玻璃缝,干后玻璃缝周边双面贴纸,然后复查纸缝的宽度是否一致,不一致的地方进行调整,无论是水平缝还是垂直缝缝宽必须统一,然后灌胶。密封胶必须满缝平整,所有的操作必须在密封胶初凝前完成,表面修饰好后,迅速将粘贴在玻璃上的贴纸撕掉。打玻璃胶时,先根据胶缝的大小把玻璃胶筒出口切开相应斜口,打胶要保持注胶均匀。操作顺序一般是:竖向胶缝,由下向上。胶注满后,要检查胶缝里面是否有气泡,若有应及时处理,消除气泡。下封口部位,玻璃与钢槽之间的缝隙用相应的泡沫棒塞紧,注意平直,然后打胶。

三、点支承幕墙施工质量要求

（一）主控项目

（1）玻璃幕墙所使用的各种材料、构件和组件的质量,应符合设计要求及国家现行产品标准和工程技术规范的规定。

（2）玻璃幕墙的造型和立面分格应符合设计要求。

（3）玻璃幕墙使用的玻璃应符合下列规定：

1）幕墙应使用安全玻璃，玻璃的品种、规格、颜色、光学性能及安装方向应符合设计要求。

2）点支式幕墙采用的玻璃必须经过钢化处理（玻璃开孔的中心位置距边缘距离应符合设计要求，并不得小于 100mm）。

3）点支式幕墙采用夹层玻璃时，应采用聚乙烯醇缩丁醛（PVB）胶片干法加工合成的夹层玻璃，且胶片厚度不应小于 0.76mm。

（4）点支式幕墙与主体结构连接的各种预埋件、连接件、紧固件必须安装牢固，其数量、规格、位置、连接方法和防腐处理应符合设计要求。

（5）各种连接件、紧固件的螺栓应有防松动措施，焊接连接应符合设计要求和焊接规范的规定。

（6）点支承玻璃幕墙应采用带有万向头的活动不锈钢爪，其钢爪间的中心距应大于 250mm。

（7）玻璃幕墙四周、玻璃幕墙内表面与主体结构之间的连接节点，各种变形缝、墙角的连接节点应符合设计要求和技术标准的规定。

（8）玻璃幕墙应无渗漏。

（9）点支式玻璃幕墙密封胶的打胶应注意饱满、密实、连续、均匀、无气泡，宽度和厚度应符合设计要求和技术标准的规定。

（10）玻璃幕墙的防雷装置必须与主体结构的防雷装置可靠连接。

（11）点支式玻璃幕墙支承结构构件的安装应符合下列要求：

1）钢结构安装过程中，制孔、组装、焊接和涂装等工序均应符合《钢结构工程施工质量验收规范》GB 50205—2001 的有关规定。

2）钢拉杆和钢拉索安装时必须施加预应力，预拉力采用测力计测定或采用扭矩扳手根据经验公式推算，预应力应符合设计要求，拉索应设置预拉力调节装置。

3）钢拉索采用的钢丝绳性能应符合国家标准《重要用途钢丝绳》GB/T 8918—2006 的规定，钢丝绳从索具中的拔出力不得小于钢丝绳 90% 的破断力。

（二）一般项目

（1）点支式玻璃幕墙表面应平整、洁净，整幅玻璃的色泽应均匀一致，不得有污染。

（2）每平方米玻璃的表面质量和检验方法应符合表7-9、表7-10的规定。

（3）玻璃幕墙的密封胶缝应横平竖直、深浅一致、宽窄均匀、光滑顺直。

（4）防火、保温材料填充饱满、均匀，表面应密实、平整。

（5）玻璃幕墙隐蔽节点的遮封装修应牢固、整齐美观。

支承结构安装技术要求　　　　　　　　　　　　　　表 7-9

名　称		允许偏差（mm）
相邻两竖向构件间距		±2.5
竖向构件垂直度		L/1000 或 ≤ 5，L 为跨度
相邻三竖向构件外表面平面度		5
相邻两爪座水平间距		+1，−3
相邻两爪座水平高低差		1.5
爪座水平度		2
同层高度内爪座高低差	幕墙面宽 ≤ 35m	5
	幕墙面宽 >35m	7
相邻两爪座垂直间距		±2
单个分格爪座对角线		4
爪座端面平面度		6

安装质量要求　　　　　　　　　　　　　　表 7-10

项目		允许偏差（mm）	检查方法
幕墙垂直度	幕墙高度不大于 30m	10	经纬仪
	幕墙高度大于 30m 且不大于 50m	15	经纬仪
	幕墙平面度	3	3m 靠尺、钢板尺
	竖缝直线度	3	3m 靠尺、钢板尺
	横缝直线度	3	3m 靠尺、钢板尺
	拼缝宽度（与设计值比）	2	卡尺

第五节　全玻璃幕墙

某工程吊挂式全玻璃幕墙如图 7-28 所示。

图 7-28　某工程吊挂式全玻璃幕墙

一、主要安装机具

主要安装机具有：垂直与水平运输机具、起重机（汽车）、电动捯链、电动真空吸盘、手动吸盘、注胶机具、电焊机、扭矩扳手、普通扳手、冲击钻、测厚仪、铅垂仪、激光经纬仪、经纬仪、水准仪、水平仪、玻璃边缘应力测试仪、钢卷尺、水平尺、角度尺、靠尺、清洁机具。

二、施工准备

现场土建设计资料收集和土建结构尺寸测量。由于土建施工时可能会有一些变动，实际尺寸不一定都与设计图纸符合。全玻璃幕墙对土建结构相关的尺寸要求较高。所以在设计前必须到现场量测，取得第一手资料数据。然后才能根据业主要求绘制切实可行的幕墙分隔图。对于有大门出入口的部位，还必须与制作自动旋转门、全玻门的单位配合，使玻璃幕墙在门上和门边都有可靠的收口。同时也需满足自动旋转门的安装和维修要求。

在对玻璃幕墙进行设计分隔时，除要考虑外形的均匀美观外，还应注意尽量减少玻璃的规格型号。由于各类建筑的室外设计都不尽相同，对有室外大雨棚、行车坡道等项目，更应注意协调好总体施工顺序和进度，防止由于其他室外设施的建设，影响吊车行走和玻璃幕墙的安装。在正式施工前，还应对施工范围的场地进行整平填实，做好场地的清理，保证吊车行走畅通。

三、操作工艺

建筑主体验收合格→测量放线→安装边缘固定槽→安装吊挂支撑架→安装面层玻璃→安装肋玻璃→安装顶部支撑保护架→面玻璃与肋玻璃临时固定→打胶→清理。

四、全玻璃幕墙安装施工

（一）放线定位

放线是玻璃幕墙安装施工中技术难度较大的一项工作，除了要充分掌握设计要求外，还需具备丰富的工作经验。因为有些细部构造处理在设计图纸中并未十分明确交代，而是留给操作人员结合现场情况具体处理，特别是玻璃面积较大、层数较多的高层建筑玻璃幕墙，其放线难度更大一些。

1. 测量放线

（1）幕墙定位轴线的测量放线必须与主体结构的主轴线平行或垂直，以免幕墙施工和室内外装饰施工发生矛盾，造成阴阳角不方正和装饰面不平行等缺陷。

（2）要使用高精度的激光水准仪、经纬仪，配合用标准钢卷尺、重锤、水平尺等复核。对高度大于 7m 的幕墙，还应反复 2 次测量核对，以确保幕墙的垂直精度。要求上、下中心线偏差小于 1 ~ 2mm。

（3）测量放线应在风力不大于 4 级的情况下进行，对实际放线与设计图之间的误差应进行调整、分配和消化，不能使其积累。通常以利用适当调节缝隙的宽度和边框的定位来解决。如果发现尺寸误差较大，应及时反映，以便采取重新制作一块玻璃或其他方法合理解决。

2. 放线定位

全玻璃幕墙是直接将玻璃与主体结构固定，应首先将玻璃的位置弹到地面上，然后再根据外缘尺寸确定锚固点。

（二）上部承重钢构安装

（1）注意检查预埋件或锚固钢板的牢固，选用的锚栓质量要可靠，锚栓位置不宜靠近钢筋混凝土构件的边缘，钻孔孔径和深度要符合锚栓厂家的技术规定，孔内灰渣要清吹干净。

（2）每个构件安装位置和高度都应严格按照放线定位和设计图纸要求进行。最主要的是承重钢横梁的中心线必须与幕墙中心线相一致，并且椭圆螺孔中心要与设计的吊杆螺栓位置一致。

（3）内金属扣夹安装必须通顺平直。要用分段拉通线校核，对焊接造成的偏位要进行调直。外金属扣夹要按编号对号入座试拼装，同样要求平直。内外金属扣夹的间距应均匀一致，尺寸符合设计要求。

（4）所有钢结构焊接完毕后，应进行隐蔽工程质量验收，请监理工程师验收签字，验收合格后再涂刷防锈漆。

（三）下部和侧边边框安装

要严格按照放线定位和设计标高施工，所有钢结构表面和焊缝刷防锈漆。将下部边框内的灰土清理干净。在每块玻璃的下部都要放置不少于2块氯丁橡胶垫块，垫块宽度同槽口宽度，长度不应小于100mm。

（四）玻璃安装就位

1. 玻璃吊装

大型玻璃的安装是一项十分细致、精确的整体组织施工。施工前要检查每个工位的人员到位，各种机具工具是否齐全正常，安全措施是否可靠。高空作业的工具和零件要有工具包和可靠放置，防止物件坠落伤人或击破玻璃。待一切检查完毕后方可吊装玻璃。

（1）再一次检查玻璃的质量，尤其要注意玻璃有无裂纹和崩边，吊夹铜片位置是否正确。用干布将玻璃的表面浮灰抹净，用记号笔标注玻璃的中心位置。

（2）安装电动吸盘机。电动吸盘机必须定位，左右对称，且略偏玻璃中心上方，使起吊后的玻璃不会左右偏斜，也不会发生转动。

（3）试起吊。电动吸盘机必须定位，然后应先将玻璃试起吊，将玻璃吊起2～3cm，以检查各个吸盘是否都牢固吸附玻璃。

（4）在玻璃适当位置安装手动吸盘、拉缆绳索和侧边保护胶套。玻璃上的手动吸盘可使在玻璃就位时，在不同高度工作的工人都能用手协助玻璃就位。拉缆绳索是为了玻璃在起吊、旋转、就位时，工人能控制玻璃的摆动，防止玻璃受风力和吊车转动发生失控。

（5）在要安装玻璃处上下边框的内侧粘贴低发泡间隔方胶条，胶条的宽度与设计的胶缝宽度相同。粘贴胶条时要留出足够的注胶厚度。

2. 玻璃就位

（1）吊车将玻璃移近就位后，司机要听从指挥长的命令操纵液压微动操作杆，使玻璃对准位置徐徐靠近。

（2）上层工人要把握好玻璃，防止玻璃在升降移位时碰撞钢架。待下层各工位工人都能把握住手动吸盘后，可将拼缝一侧的保护胶套摘去。利用吊挂电动吸盘的手动捯链将玻璃徐徐吊高，使玻璃下端超出下部边框少许。此时，下部工人要及时将玻璃轻轻拉入槽口，并用木板隔挡，防止与相邻玻璃碰撞。另外，有工人用木板依靠玻璃下端，保证在捯链慢慢下放玻璃时，玻璃能被放入到底框槽口内，要避免玻璃下端与金属槽口磕碰。

（3）玻璃定位。安装好玻璃吊夹具，吊杆螺栓应放置在标注在钢横梁上的定位位置。反复调节杆螺栓，使玻璃提升和正确就位。第一块玻璃就位后要检查玻璃侧边的垂直度，以后就位的玻璃只需检查与已就位好的玻璃上下缝隙是否相等，且符合设计要求。

（4）安装上部外金属夹扣后，填塞上下边框外部槽口内的泡沫塑料圆条，使安装好的玻璃有临时固定。

（五）注密封胶

（1）所有注胶部位的玻璃和金属表面都要用丙酮或专用清洁剂擦拭干净，不能用湿布和清水擦洗，注胶部位表面必须干燥。

（2）沿胶缝位置粘贴胶带纸带，防止硅胶污染玻璃。

（3）要安排受过训练的专业注胶工施工，注胶时应内外双方同时进行，注胶要匀速、匀厚，不夹气泡。

（4）注胶后用专用工具刮胶，使胶缝呈微凹曲面。

（5）注胶工作不能在风雨天进行，防止雨水和风沙侵入胶缝。另外，注胶也不宜在低于 5℃ 的低温条件下进行，温度太低胶液会流淌、延缓固化时间，甚至会影响拉伸强度。严格遵照产品说明书要求施工。

（6）耐候硅酮嵌缝胶的施工厚度应介于 35 ~ 45mm 之间，太薄的胶缝对保证密封质量和防止雨水不利。

（7）胶缝的宽度通过设计计算确定，最小宽度为 6mm，常用宽度为 8mm，对受风荷载较大或地震设防要求较高时，可采用 10mm 或 12mm。

（8）结构硅酮密封胶必须在产品有效期内使用，施工验收报告要有产品证明文件和记录。

（六）表面清洁和验收

（1）将玻璃内外表面清洗干净。

（2）再一次检查胶缝并进行必要的修补。

（3）整理施工记录和验收文件，积累经验和资料。

五、全玻璃幕墙安装质量要求

（1）墙面外观应平整，胶缝应平整光滑，宽度均匀。胶缝宽度偏差不应大于 2mm。

（2）玻璃面板与玻璃肋之间的垂直度偏差不应大于 2mm；相邻玻璃面板的平面高低差不应大于 1mm。

（3）玻璃与钢槽的间隙应符合设计要求，密封胶应灌注均匀、密实、连续。

（4）玻璃与周边结构或装修的空隙不应小于 8mm，密封胶填缝应均匀、密实、连续。

（5）玻璃到达现场后，由现场质检员与安装组长对玻璃的表面质量、公称尺寸进行 100% 的检测。玻璃安装顺序可采取先上后下，逐层安装调整。

（6）吊挂式安装玻璃时，吊装到位后高度尺寸应定位后再安装相符的玻璃。

（7）在吊挂玻璃安装时夹口与玻璃粘结时严格控制其尺寸与方向。

（8）玻璃板块的周边，必须用磨边机加工，应采用 45° 倒角，倒角尺寸不应小于 1.5mm。角部尖点倒角圆弧半径应在 1~5mm 范围内。

（9）磨边后玻璃板块的尺寸允许偏差应符合表 7-11 的要求。

磨边后玻璃板块的尺寸允许偏差（mm）　　　　　　　　　表 7-11

项目	玻璃厚度	玻璃边长 ≤ 2m	玻璃边长 > 2m
边长	6	± 1.5	± 2.0
	8		
	10		
	12		

续表

项目	玻璃厚度	玻璃边长 ≤ 2m	玻璃边长 > 2m
边长	15	± 2.0	± 3.0
	19		
对角线差	6	≤ 2.0	≤ 3.0
	8		
	10		
	12		
	15	≤ 3.0	≤ 3.5
	19		

（10）全玻幕墙安装过程中随时检测 面板和玻璃肋水平度和垂直度，使墙面安装平整。

（11）采用吊挂式安装时应注意吊挂位置，吊夹应在玻璃顶部1/4处，每块玻璃的吊夹应位于同一平面，吊夹的受力均匀。

（12）全玻幕墙玻璃两边嵌入槽口量及空隙应符合设计要求，左右空隙尺寸宜相同。

（13）全玻幕墙施工质量允许偏差应符合表7-12的要求。

全玻幕墙施工质量允许偏差　　　　表7-12

项次	检验项目		允许偏差（mm）	检验方法
1	墙面垂直度	幕墙高度 ≤ 30m	10	用经纬仪检查
		30m < 幕墙高度 ≤ 60m	15	
		60m < 幕墙高度 ≤ 90m	20	
		幕墙高度 > 90m	25	
		幕墙幅宽 > 35m	7	
2	幕墙表面平整度		2.5	用2m靠尺和塞尺检查
3	竖缝的直线度		2.5	用2m靠尺和塞尺检查
4	横缝的直线度		2.5	用2m靠尺和塞尺检查
5	接缝宽度（与设计值比较）		± 2	卡尺
6	两相邻面板之间的高低差		1.0	深度尺
7	玻璃面板与肋板夹角与设计值偏差		≤ 1°	量角器

第六节　光伏光电幕墙

一、光伏幕墙安装工艺流程

光电幕墙施工包括两大部分：光电幕墙（含光电玻璃板块）安装及光电幕墙电气系统安装，如图 7-29 所示。

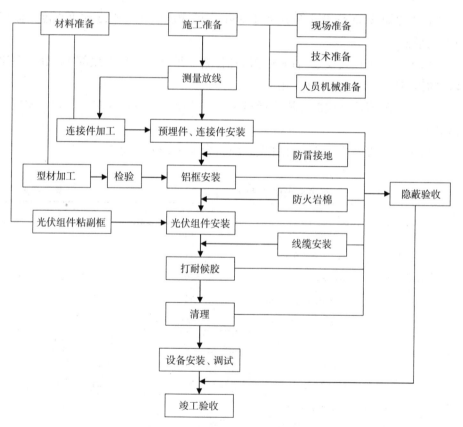

图 7-29　光伏幕墙安装工艺流程图

某工程光电幕墙如图 7-30 所示。

图 7-30　某工程光电幕墙

二、施工工艺

光电幕墙安装的施工工艺基本同普通玻璃幕墙。光电幕墙的构造其实就是将原有玻璃幕墙中的玻璃板块更换成光伏电池玻璃板块，在建筑幕墙系统外增加了电力输送和电流转换系统等。

（1）预埋件及幕墙骨架的安装与普通玻璃幕墙相同。

（2）光电施工准备：根据工程特点，准备好脚手架或电动吊篮设备，做好技术人员与劳动力安排。按照设计图纸进行测量放线，标注部件安装位置。

（3）器件安装：主要是太阳光电系统中的转换件、连接件安装。

（4）玻璃光伏幕墙施工：首先安装固定龙骨框架与结构体上的预埋件连接牢固后，然后安装太阳能光伏组件，安装过程中边对光伏组件的线缆进行连接。质量检查无误后，对缝隙打耐候胶，并及时对玻璃幕墙清理干净,防止污染、粘结。

（5）线缆连接：将各处连接件、光电转换件用线缆连接，并与变压器、开关、使用设备等，形成完整供电线路系统。

（6）设备就位：将电池方阵、直流接线箱、逆变器、交流配电箱、转换器、电脑等设备分别安装就位于配电室、监控室等位置。

（7）系统运行：将用电器具和设施与太阳光电系统通过配电箱、变压器连接好后，进行系统整个运行调试。

（8）在光电幕墙施工过程中，需注意以下几点：

1）光电幕墙的构造其实就是将原有玻璃幕墙中的玻璃板块更换成光伏电池玻璃板块，在建筑幕墙系统外增加了电力输送和电流转换系统等。在光电幕墙设计和施工时要遵循玻璃幕墙的相应设计和施工验收标准规范，要认真考虑玻璃幕墙传统的安全、防护、密封、装饰等功能，各项幕墙指标必须满足国家标准规定，使其达到最佳使用效果。

2）影响光电幕墙效益的主要原因是日光照射的条件。设计和施工时必须认真考虑玻璃板块的安装部位和安装方向，要充分利用阳光照射时间长的部位和方向，要有意避免附近建筑物或其他障碍物对光伏电池的遮挡。

3）设计要充分考虑光电幕墙投入和付出的性价比，合理选用电池转换性能和造价相差甚远的单晶硅电池、多晶硅电池及无定型硅电池的比例，以促进光电幕墙的健康发展。

4）设计要合理选用电池导线的线径和玻璃板块的规格，充分考虑玻璃板块的挠度变形对电池导线的影响。施工过程中必须采取有效措施，在板块运输、贮存和安装中避免板块变形过大，挤压损坏玻璃中的电池导线。

三、安装质量要求

因光电幕墙安装的施工工艺基本同普通玻璃幕墙，所以幕墙的安装质量要求参照玻璃幕墙的安装质量要求。

第七节　双层幕墙

某工程双层幕墙如图 7-31 所示，双层幕墙通风示意图如图 7-32 所示。

图 7-31　某工程双层幕墙

图 7-32　双层幕墙通风示意图

一、双层幕墙安装工艺流程

测量放线→结构埋件检查→支座安装→幕墙龙骨安装→内层幕墙安装→外层幕墙安装→电动百叶及开启装置安装→钢制格栅马道安装。

二、施工工艺

（一）测量放线

测量放线必须仪器工具齐全，且经过检查合格后方可使用。所有测量数据必须经过复核，若超过允许偏差，应查找原因及时纠正。若在误差范围内，偏差应及时调整，不应有积累误差的现象出现。测量应在风力不大于 4 级时进行。

（二）结构及埋件的检查

首先由测量人员将支座的定位线弹在结构上，便于施工人员检查、记录，检查预埋件中心线与支座的定位线是否一致，通过十字定位线，检查出埋件左右、前后的偏差，支座的定位线弹好后，在结构处拉垂直钢线以及横线作为安装控制线。

预埋件节点板与主体连接必须紧密平整，主体结构不平整处要剔凿，剔凿处用角磨磨平；预埋件节点板位置必须准确；后置埋件螺栓锚入时必须保持垂直

221

混凝土面，不允许倾斜，确保有充分的锚固深度，螺栓扭矩力必须达到规范和设计的要求。

（三）支座安装

立柱在安装之前首先将上端及下端的钢支座与埋件点焊，拉通线检查支座的定位尺寸，然后进行满焊，焊接过程符合工艺要求，焊缝表面饱满，无夹渣、气孔、裂纹等缺陷。

（四）骨架安装

1. 立柱的分格安装控制

立柱的安装依据竖向钢丝线及横向钢丝线进行左右、前后的调节安装，直至各尺寸符合要求。

2. 横向龙骨的安装

竖龙骨安装后进行横向龙骨的安装，横梁应安装牢固，横龙骨与竖龙骨按设计要求连接牢固，并且标高、分格尺寸、相邻高差均应在允许范围内，当安装完成一层高度后，及时进行检查、校正和固定。

（五）内层幕墙安装

内层幕墙一般采用玻璃幕墙或铝合金推拉窗，可根据相应的设计要求，按相应的施工工艺进行施工。

（六）外层幕墙安装

外层幕墙一般采用框架式玻璃幕墙或单元式玻璃幕墙，可根据相应的设计要求，按相应的施工工艺进行施工。

（七）电动百叶及开启窗安装

（1）为保证呼吸式幕墙的通风换气和环保节能效果，一般均会设置调动百叶和换气排烟窗，与楼宇自控及消防监控相连。电动百叶的安装在幕墙玻璃安装完成后进行。

（2）电动开启窗扇安装前应坚持框扇的配件是否齐全、牢固，窗扇的安装位置应符合设计要求；扇安装完毕后应启闭灵活、无噪声、密封性能良好。外架拆除后进行窗扇安装。

（3）呼吸式双层幕墙安装完成后，需经热工检测检验是否达到设计指标，调试完成后进行验收。

（八）钢制格栅马道安装

内外幕墙中安装钢制格栅马道，用于检修，与外层玻璃幕墙悬挑件和横向龙骨安装同步进行施工，确保气流畅通，保证幕墙呼吸的正常进行。通风马道安装应符合下列要求：

（1）通风马道与内外层幕墙之间的安装应平整牢固。

（2）相邻两块通风马道的水平标高偏差不大于 2mm。

（3)通风马道安装时应注意保护,一般不允许有任何不洁物进入马道通风孔。

三、安装质量要求

因双层幕墙安装的施工工艺基本同普通玻璃幕墙，所以幕墙的安装质量要求参照玻璃幕墙的安装质量要求。

第八节　安全规定

一、安全管理一般规定

（1）建立、健全各级安全生产责任制，职责明确，落实到人。

（2）遵守安全生产、劳动保护、文明施工等相关法规，配置必要的安全施工设施与保护器材，设立安全警告标示牌，并为现场职工提供必要的安全防护和劳动保护用品。

（3）现场施工作业人员未经安全生产教育培训不得上岗作业。除遵守国家、行业现行有关工程施工安全生产管理规定外，还须执行北京市政府有关部门和业主针对本工程制定的安全生产有关规定。对转岗、换岗的员工，重新上岗前必须接受一次安全教育培训，经考试合格后方能上岗，并办理签证手续。员工必须熟悉本工种安全技术操作规程，熟练掌握本工种的操作技能。

（4）项目部设置专职的安全生产主管。

（5）针对工程特点、施工方法、所使用的机械设备、用电、特殊作业、生产环境和季节影响等制定出相应的安全技术措施并进行安全技术交底，施工长安排班组长工作前，必须进行书面的安全技术交底。交底内容应针对分部分项工程在施工中给作业人员带来的危险因素而编写。各级书面安全技术交底必须填有交底时间、内容、交底人和接受交底人的签名，安全技术交底要具体、明确，针对性强。

（6）班组长在班前进行上岗交底，包括主要工作内容和各个环节的操作安全要求以及特种工的配合等，上岗检查要查上岗人员的劳动防护情况，每个岗位周围作业环境是否良好，检查机具的安全保险装置是否完好，以及各类安全技术措施的落实情况，认真做好上岗记录。

二、安全管理措施

（一）现场安全用电

（1）现场施工用电执行一机、一箱、一闸、一漏电的"四个一"保护措施。电箱要设门、锁，注明编号及责任人，必须定期检查，每次记录都要责任人签字。

（2）电箱内所配置的电闸、漏电保护器必须与设备额定电流相等。

（3）所有电力线路和用电设备，必须由持证电工安装，并负责日常检查和维修等工作，其他人员不得私自拉接电线。

（4）机械设备必须执行保护接零措施。现场用电线路，一律用绝缘导线，移动线路必须用橡皮电线，不得裸露。电线要架空设置，绝缘子固定，不得捆绑在脚手架或钢筋上。

（5）在潮湿场所及高度低于2.4m的房间以及各种通道内作业时应使用36V的安全电压做照明；油料及易燃易爆品仓库内要使用防爆灯具。严禁使用移动式碘钨灯。

（6）室外配电箱必须做防雨罩并上锁，钥匙由两人以上值班电工统一管理，总配电箱和分配电箱均设漏电开关，开关箱内的漏电开关动作电流不大于30mA，配电箱要安装牢固，底边距地面0.6～1.3m，各配电箱均应有用电标识。

（二）钢结构吊装安全措施

（1）在搭设和使用过程中，应经常检查，大风、大雨、大雪后对支撑架须进行全面检查，发现有倾斜、沉陷、悬空、接头松动、钢管折裂等问题，及时进行加固维护。

（2）操作支撑架在搭拆、使用过程中都必须注意防电，要经常检查电缆的完好程度；施工用电线路须按安全规定架设。

（3）支撑架安装时现场严禁闲散人员随便出入，安装人员应将随身携带的扳手、锤子、起子等工具用绳子系在腰上，防止坠落伤及他人。

（4）支撑架安装施工区域四周应设明显的标志；危险地带设置防护栏及防护网。

（5）钢结构在吊装前首先做好吊装现场的安全防护和行人安全护栏及吊装作业安全标示。

（6）检查吊装作业安装处的脚手架是否满足安装操作要求，达不到要求的要进行整改和补充。

（7）吊装前检查钢结构的稳定性，下端拉缆绳控制吊装过程中物体的摆动。

（8）吊装机械站位时，计算控制好吊装重量和吊装距离，确保吊装过程的安全。

（9）钢结构高空安装人员必须系紧安全带，穿防滑鞋进行安装作业。

（三）玻璃安装安全措施

（1）玻璃吊装前，玻璃吊装区域内设安全标识和安全护栏，防止外界人员闯入吊装区域。

（2）玻璃吊装采用卷扬机绑带式和电动吸盘吊机两种安装方式，根据不同的安装部位采用相应的吊装方式。

（3）吊装时在吊钩上挂一台手动捯链进行玻璃安装进槽时的高度调节，以免发生撞击造成玻璃破碎和坠落。

（4）吊装时玻璃下边两端拉上缆风绳，防止玻璃在吊装过程中晃动撞击其他物体。

（5）玻璃安装人员在操作时必须穿防滑鞋、系紧安全带，确保操作安全。

（四）高空作业安全措施

（1）高处作业中的安全标志、工具、仪表、电气等设备，必须在施工之前进行检查，确认其完好才可投入使用。高处作业的安全技术措施及其所需料具，必须列入工程的施工组织设计。工程施工负责人应对高处作业安全技术负责，并建立相应的责任制。

（2）攀登和悬空高处作业人员以及搭设高处作业安全设施人员，必须经过专业技术培训，专业考试合格后持证上岗。工人要定期进行体格检查，严禁患有高血压、心脏病、恐高症、精神失常的人员从事高空作业。在从事攀登和高空作业时，必须佩戴安全带、穿防滑鞋。

（3）施工作业场所对于有可能坠落的物件，应及时撤除或进行加固。高处作业中所用的物料，均应堆放平稳，不妨碍通行和装卸。工具应随手放入工具袋；作业中的通道及通道板，应及时清扫干净；拆卸下的物件及余料、废料均应随时清运走，禁止任意乱放和抛递物件。

（4）雨天进行高处作业时，必须采取可靠的防滑措施。遇有五级以上强风、暴雨、浓雾、雷雨等恶劣天气时不得进行露天攀登与悬空高处作业。强风、暴雨后，应对高处作业安全设施逐一加以检查，发现有松动、变形、损坏或脱落等现象，应立即修理完善。严禁在雷雨天进行钢结构屋面施工。

（5）所有大型吊机都自带避雷装置，应及时检查并保证避雷装置正常工作，确保吊机的正常使用；同时检查主体钢结构与上建结构的避雷接地系统是否正常，确保与整体避雷接地系统的可靠连接。

（6）当因作业需要，临时拆除或变动安全防护设施时，必须经施工负责人同意，并采取相应的可靠措施，作业后应立即将其恢复原样。

（7）桁架梁就位后立即铺设安全网，待全部作业完成后方可拆除。拆除时，应设警戒区，并派专人监护。

（8）钢爬梯脚底必须绑扎（或焊接）牢固，不得垫高使用，梯子上端应加以固定。爬梯长度超过 2m 时设置环形保护罩，爬梯长度超过 8m 时设置休息平台。对于空间较小不宜设置环形保护罩的爬梯，施工人员行走必须佩戴自锁型安全带。

（9）同一区域内尽量避免立体交叉施工，实在不能避免的应流水错开，同时设置看护人员，随时排除安全隐患。高空焊接、气割时下部应设接火盆和安全网，上面铺设阻燃布覆盖焊渣坠落范围，以免烫伤下方施工人员。高空焊接时应配备足量的灭火器具。

（10）对于高空操作人员佩戴的安全带必须设有独立的挂设点，保证挂设点的安全可靠。

（11）施工中对高处作业的安全技术设施，发现有缺陷和隐患，必须及时解决，危及人身安全时，必须停止作业。

第八章

幕墙的使用维护与管理

建筑幕墙也和我们日常生产生活用品一样，要在合理的设计使用年限内正常使用必须经常做维修保养工作。建筑幕墙工程竣工交付后，其维修保养职责由业主或业主指定单位来承担。幕墙的维修和保养工作，主要分为三个方面：经常性维护与保养、定期检查与维修、灾后检查与维修。具体的维护保养可以根据每个项目施工单位出具的《维护保养说明书》来调整，这里只是泛泛地谈谈一般要求。

一、幕墙的经常性维护与保养

　　应根据幕墙面积灰污染程度，确定清洗幕墙的次数与周期，每年应至少清洗两次；清洗幕墙外墙面的机械设备（如清洗机或吊篮等）和工具，应安全可靠、操作灵活方便，以免擦伤和碰坏幕墙表面。清洗幕墙应选用对玻璃及构件无腐蚀作用的中性清洁剂清洗，最后用清水洗刷干净。注意：清洗玻璃和铝合金件的中性清洁剂，应进行腐蚀性检验，中性清洁剂清洗后应及时用清水冲洗干净（图 8-1）。

图 8-1　幕墙的经常性维护与保养

　　幕墙可视部件的损坏，可以用目视检查的方法进行检测，应特别强调的因素有五金件是否损坏、不锈钢拉索是否松弛、铝合金型材或钢材是否有局部变形起鼓、型材颜色有无变化、油漆及硅胶是否开裂或出现裂缝、油漆是否起皮、油漆是否变成粉末（粉末喷涂、氟碳处理）、硅胶粘结性能有无变化，凡有发现应随时修复或更换零件。目视检查可以按需要进行，一般与幕墙的清洗周期相重合。

二、幕墙的定期检查与维修

　　幕墙竣工验收后，在保修期内，使用单位应会同幕墙工程承包单位每年进行一次全面性的检查。此后，每隔五年全面检查一次。在使用十年后，对耐老化最不利位置的硅酮结构胶进行粘结性检验。以下是不同类型幕墙的定期检查与维修需要注意的：

（一）玻璃幕墙的定期检查与维修

（1）当发现螺栓松动应拧紧或焊牢，当发现连接件锈蚀应除锈补漆。

（2）当发现玻璃松动、脱落及破损、密封胶和密封条脱落、老化或损坏，应及时修复或更换。

（3）当发现幕墙构件及连接件损坏，或连接件与主体结构的锚固松动或脱落，五金件有脱落、损坏或功能障碍时，应及时更换或采取措施加固修复。

（4）玻璃幕墙在正常使用时，每隔一年应进行一次全面检查，对玻璃、密封条、密封胶、结构硅酮密封胶等应在不利的位置进行检查（图8-2）。

图8-2　玻璃幕墙的定期检查与维修

（二）铝板幕墙的定期检查与维修

（1）当发现螺栓松动应拧紧或焊牢，当发现连接件锈蚀应除锈补漆。

（2）当发现铝板空鼓、起泡、表面凹凸不平，有压响及喷涂层破损、破裂，密封胶和密封条脱落或损坏时，应及时修复或更换。

（3）当发现幕墙构件及连接件损坏，或连接件与主体结构的锚固松动或脱落，五金件有脱落、损坏或功能障碍时，应及时更换或采取措施加固修复。

（4）铝板幕墙当遇台风、地震、火灾等自然灾害时，灾后应对铝板幕墙进行全面检查，并视损坏程度进行维修加固（图8-3）。

图 8-3　铝板幕墙的定期检查与维修

（三）花岗石板幕墙的定期检查与维修

（1）当发现螺栓松动应拧紧或焊牢，当发现连接件锈蚀应除锈补漆。

（2）当发现花岗石板有脱落、破损、破裂时应及时修复或更换。

（3）当发现花岗石板有松动、变位、错动等现象时应进一步仔细检查该处金属构件、连接件等有无松动、损坏情况。

（4）当发现密封胶和密封条脱落或损坏时，应及时修补与更换。

（5）当发现幕墙构件及连接件损坏，或连接件与主体结构的锚固松动或脱落，应及时更换或采取措施加固修复。

（6）当五金件有脱落、损坏或功能障碍时，应进行更换和修复（图 8-4）。

图 8-4　花岗石板幕墙的定期检查与维修

三、幕墙的灾后检查与维修

幕墙的灾后检查与维修应按下列要求进行：（1）当幕墙遇到自然灾害或意外灾害时，在灾后应当对幕墙进行全面的检查，并按损坏程度对幕墙进行全面评价及提出处理意见。（2）根据灾后检查结果提出修复加固方案，报经有关专业部门审批后，选择幕墙专业施工队伍进行施工。

第九章

既有幕墙的维护与安全检查

既有幕墙是指已经建成完工的建筑幕墙。既有幕墙在长期的使用过程中，受到了风荷载、自重、热应力等各种影响，随着使用时间的增加，幕墙材料会出现老化、损伤、锈蚀等各种问题，支承结构会出现松动，面板材料会有破碎、炸裂甚至整体脱落现象，幕墙整体的安全性能不可避免的会随之降低。

既有幕墙通过有效的维护和保养可以增加幕墙的使用寿命并维持其使用功能，而安全检查是针对幕墙可能发生的失效，进行检测与评估，以减少财产损失和安全事故发生。

一、既有幕墙安全维护责任

近年来住建部和各级政府部门都对既有玻璃幕墙的安全性能问题越来越重视，多次发布了组织开展既有幕墙安全排查工作的通知。

对于既有幕墙，其安全检查及维护的责任原则为：业主负责，政府监督。

"业主负责"是按照各种所有权不同来确定：（1）一幢建筑为一个法人单位所有，该法人单位对该幢建筑既有幕墙安全维护负责；（2）一幢建筑为两个或两个以上法人单位共有，按谁所有谁负责的原则，每个法人单位对其所有部分负安全维护责任。但应确定一个法人单位对整幢建筑既有幕墙负全面协调责任；（3）一幢建筑为一（数）个法人单位和数个自然人所共有（或数个自然人所共有），原则上按谁所有谁负责的原则各自对所有部位负安全维护责任，但幕墙作为一个整体，应确定一个法人单位（自然人）对整幢建筑既有幕墙负全面协调责任。业主作为安全责任维护人，可以将幕墙的日常保养、维护及安全检查委托物业单位进行。

各地政府主管部门对所管辖地区的既有幕墙进行监督管理，可以对所管辖地区的既有幕墙进行造册登记管理，同时监管列册的既有幕墙安全维护责任人按时进行维护检查工作。监督业主负担起其应承担的安全维护责任（图 9-1）。

业主的安全维护责任主要是：依据相关标准规范的要求或幕墙使用维护说明书载明的事项定期对既有幕墙进行检查和维修，并将检查结果报政府主管部门备案；一旦发现幕墙破损应及时进行修理；如果幕墙出现事故造成的财产和人身损害要进行赔偿。

二、既有幕墙安全检查现状

幕墙在竣工验收后，分属于不同的业主管理，因其具有分散性，因此很难监管。而依据规范定时开展的检查维护，还牵涉到大量的人力与财力，尤其是

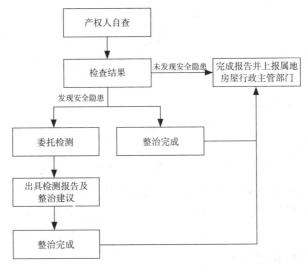

图 9-1　业主自查工作流程

安全检查与维修的费用在目前阶段很难落实，也是国内数十万幢幕墙建筑处于无序管理的原因。

建筑幕墙专业性很高，目前国内少有大专院校配有建筑幕墙专业。幕墙专业人才缺乏，业主和物业管理单位缺乏懂得幕墙专业知识的幕墙安全维护技术人员。

由于目前在世界范围内还没有检测既有玻璃幕墙安全性能的切实有效的技术以及相关的规范和标准，虽然玻璃幕墙常规性能检测的各种标准和规范多达数十种，但至今为止对于既有幕墙的检测技术尚未有重大突破。

由于以上原因，因此虽然各级建设主管部门多次发文，但是国内既有幕墙安全检查始终未能大面积开展。与费用及人员的缺乏相比，国内目前很多科研院所及检测机构在对既有幕墙安全检查或检测的方法上作出了不少研究，虽然仍未有系统的检测标准及方法，但有了很多可以借鉴的技术，这些研究探讨对既有幕墙的安全应用和切实有效的现场评估技术起到了促进作用，对杜绝幕墙安全事故，保障人民群众生命财产安全有着重要意义。

三、既有幕墙的失效

建筑幕墙的失效模式可以归纳为三类，即：材料失效、结构失效和功能失效。其中，材料失效主要是构建整个幕墙系统所选用的建筑材料物理性能或化学性能的变化而导致建筑幕墙外观质量、支承结构和使用功能的质量的降低；结构失效主要是由于材料失效而产生的幕墙结构的偏移、扭曲、开裂、损伤或过载而产生的结构性缺陷；功能失效则主要是由于材料失效或结构缺陷而引起的使用性障碍。

材料失效主要是面板材料破碎、结露，胶体老化、龟裂、粘结强度降低，型材发生锈蚀、变形等；结构失效主要表现为幕墙支承体系的强度与挠度不足导致幕墙系统在荷载作用下发生变形、扭曲，转接件、连接件因强度不够出现弯曲、变形，埋件、支座出现结构失效等；而功能失效主要是幕墙系统出现漏水、漏气现象，幕墙的开启扇启闭不灵活、出现卡死或五金件缺失以及幕墙的其他性能包括保温隔热性能、防火防雷性能、隔声采光性能不符合使用要求。

四、既有幕墙的安全检查

既有幕墙安全维护责任人应按规定的时间进行定期检查，并将检查结果报政府主管部门备案。当既有幕墙出现下列情形之一时，其安全维护责任人应主动委托进行安全性检查：（1）面板、连接构件或局部墙面等出现异常变形、脱落、爆裂现象；（2）遭受台风、地震、雷击、火灾、爆炸等自然灾害或突发事故而造成损坏；（3）建筑幕墙工程自竣工验收交付使用后，到了规程或文件要求进行检查的年限。

既有幕墙的安全检查目前没有可以直接参照的标准或规程，因此进行既有幕墙的安全检查和质量鉴定时，可以参照幕墙的产品标准及相应的技术规程、设计规范、验收规范和设计图纸、计算书等文件资料进行（图9-2）。

既有幕墙安全检查主要包括以下内容：

（1）概要性检查：包括工程概况、技术资料检查、工程质量资料检查、使用情况调查等。

（2）结构复核：根据幕墙工程的结构计算书，对幕墙的立面、典型板块和节点进行测量，根据现场实测结构，复核幕墙承受荷载及工程实际选用的立柱、横梁、玻璃强度和挠度能否满足要求。

（3）现场检测和检查：幕墙材料（型材、面板、结构胶等）和安装节点的详细检查，相关材料和构件的检测。

（4）评估：依据计算书复核验算以及检测、检查结果，依据相关标准规范要求，分别对承载力、结构和构造、构件和节点等进行评估，最终提供该幕墙的检查结论及整改建议。

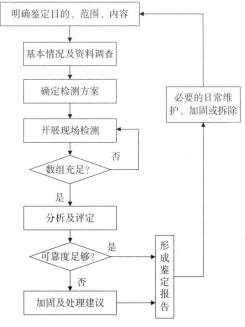

图 9-2　建筑幕墙安全检查流程

五、概要性检查

既有幕墙概要性检查主要是对工程概况及竣工资料进行核查。概要性检查在工程现场检查时进行，依据工程的资料对实物进行核对、调查幕墙实际使用情况及环境，听取物业或相关人员的意见等。除了幕墙的基本信息外，还应了解幕墙在使用过程中是否出现过玻璃破碎、使用障碍等问题以及幕墙的日常清洗、维护和保养情况。

核查的竣工资料包括：幕墙的竣工图纸、结构计算书、设计联系单及其他设计文件；各类材料的质保单、性能报告及材料进场复试报告；建筑用结构硅酮结构胶和中空玻璃硅酮结构胶的相容性和粘结性能报告；后置埋件的拉拔性能试验报告；幕墙的抗风压性能、气密性能、水密性能及其他相关物理性能检测报告；幕墙的隐蔽工程验收记录等资料。

针对概要性检查，对于缺失的竣工资料部分和出现过使用功能障碍的幕墙构件，应在现场检查过程中重点关注，并有必要利用现场检查及测试技术，进行材料、制作、安装质量的复核或复验。

六、结构复核

安全检查首先应对结构体系进行设计复核。根据幕墙工程的结构计算书，对幕墙的立面、典型板块和节点进行测量，根据现场实测结构，并参照设计图纸及工程资料中型材牌号、材料型号等信息复核幕墙承受荷载及工程实际选用的立柱、横梁、玻璃强度和挠度能否满足要求。参与计算的材料的强度标准值以及构件和节点构造均应按实际状态确定，计算的内容应完整齐全，除了支承体系和面板之外，有条件的情况下应对所有受力的结构胶、螺钉、螺栓、锚栓和焊缝进行计算复核。如果工程既有幕墙存在不同类型、不同系列的幕墙，应该分别进行计算。

七、现场检测和检查

现场检查和检测过程是安全检查的重点。检测针对现场的材料性能，检查针对幕墙节点的安装与制作质量。

根据幕墙的构造可以将幕墙分为面板单元、支承结构单元以及构件之间、构件或幕墙支承结构与建筑物主体结构之间的各种连接三个分项。既有建筑幕墙安全检查对每个分项依次检查。

（一）幕墙初步检查

幕墙安全检查开始前，应对幕墙整体进行一个初步检查。初步检查主要针对幕墙的整体情况进行观察，对初步检查发现的问题应在进一步的检测检查过程中作为重点加以关注。初步检查一般包括以下内容：观察幕墙整体的水平、垂直度，有无整体性松动、倾斜、错位或整体变位。幕墙的面板是否有破碎、脱落现象，如有的话判断是偶然现象还是异常现象。核对幕墙的材料、尺寸分格、构件节点、支承结构形式等信息，是否与现有设计资料一致。

（二）幕墙材料

1. 面板材料

（1）玻璃

幕墙玻璃首先要检查玻璃的品种、厚度、外观质量和边缘处理情况，同时复核玻璃板块的规格是否与图纸一致。

玻璃的厚度应使用外径千分尺，在板边 15mm 内的四边中点测量，取平均值作为厚度值。玻璃外观质量主要检查玻璃表面是否有明显的划伤、损伤、霉变等现象，玻璃边缘是否有缺棱、掉角或未经磨边处理的情况。对于早期的镀膜玻璃应检查膜层是否有氧化、脱膜现象。

幕墙玻璃应为钢化玻璃或夹层玻璃及其制品。对于钢化玻璃可采用偏振片的方式进行无损检测。钢化玻璃存在应力，应力特征成为鉴别真假钢化玻璃的重要标志，那就是钢化玻璃可以透过偏振光片在玻璃的边部看到彩色条纹，而在玻璃的面层观察，可以看到黑白相间的斑点（图 9-3、图 9-4）。

图 9-3　钢化玻璃检测仪

图 9-4　钢化玻璃应力斑

边部外露的 PVB 夹层玻璃应检查是否做了封边处理。PVB 夹层玻璃的外露边在水、湿气、热和光照交互作用下，胶片会发生受潮开胶和发黄变色，导致胶片粘结性下降，在边部集中表现为脱胶。随着时间的推移，粘结失效的脱胶面积不断增长和扩展，持续发展将导致夹层玻璃失效。对于 SGP 夹层玻璃，因其胶片吸湿性低，能有效防止水分子侵入胶合层，同时有良好的热稳定性和光稳定性，能经受温度的变化，所以 SGP 夹层玻璃不必封边，可独立使用。

中空玻璃重点检查内部是否有起雾、结露和霉变等现象。从对既有幕墙检查过程来看，中空玻璃失效的直接原因有两种：一是空气层内露点上升。原因是水汽通过密封胶扩散进入空气层中，或者是中空玻璃干燥剂的有效吸附能力降低。这是中空玻璃经长期使用后双道密封胶和干燥剂出现老化，使得水汽通过率增加，造成密封作用下降。二是中空玻璃自身存在质量缺陷，对于隐框和半隐框幕墙要特别注意是否是二道密封胶使用了聚硫胶。隐框玻璃幕墙的中空玻璃拼缝部位暴露在外，长期处于紫外线照射的环境下，而且玻璃在承受风压和自重等荷载作用时，没有框架支承。由于聚硫类密封胶耐紫外线性能较差，且不能承受结构荷载，使用一段时间后必定会失效，一旦密封胶粘结失效，外片玻璃就有下坠的危险，要特别注意检查。另外中空玻璃在制作、安装、使用过程中由于各种原因造成玻璃边部出现细小裂纹，也可能是导致玻璃结露的原因。长时间的结露会使玻璃的内表面发生霉变或析碱，产生白斑，不但严重影响玻璃的外观质量，而且密封胶粘结力下降导致外片玻璃有脱落风险，应严格排查（图9-5、图9-6）。

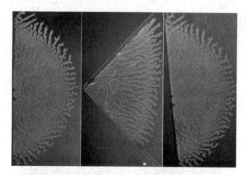

图9-5 夹层玻璃边部脱胶

图9-6 中空玻璃内部起雾、结露、霉变

检查过程中发现有玻璃破碎的情况，应进行统计和记录。如非人为因素造成的玻璃破碎有一定规律和数量，可以采用光弹扫描法来分析玻璃破裂的可能原因（图9-7）。

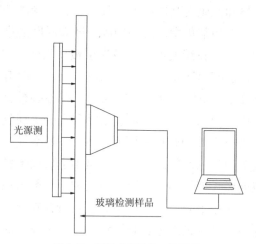

图9-7 透射式光弹仪工作原理

由于玻璃是一种典型光弹性材料，可以通过光弹设备检测到玻璃内部的应力。钢化玻璃自爆源附近有应力集中，且这种应力集中具备光弹效应，因此自爆是由于应力集中引起的。通过光弹设备就可以发现自爆源附近的应力光斑，从而为检测自爆源提供了一种手段（图9-8）。

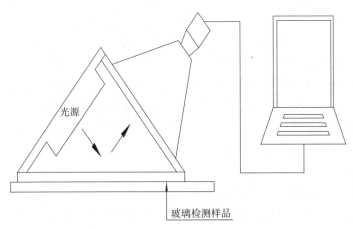

图 9-8　反射式光弹仪工作原理

　　玻璃表面如果很脏，则需要在检测之前对玻璃表面进行清理，使得表面光洁，从而提高检测的准确性。光弹扫描仪通常安装在爬墙机器人上面，通过遥控来控制机器人的运动扫描整块玻璃表面。对于底层区域或矮楼，也可以人工手动进行扫描检测。幕墙玻璃自爆风险检测，针对幕墙的具体情况决定采用透射式还是反射式的扫描技术。通常对于多层的玻璃，如夹胶玻璃或钢化玻璃组成的中空玻璃幕墙，宜采用透射式扫描检测。在发现应力集中光斑后，需要进一步确定光斑来自哪一块玻璃，为此可以借助于反射式光弹仪和其他手段来确定杂质的位置和深度，从而估测它属于多层玻璃中的哪一块玻璃。由于透射比反射的效果更好，也较少有变形和光畸变，因此只要条件允许的情况下，尽量采用透射检测法。但是大多数情况下，现场检测条件不允许使用透射检测，如检测人员无法进入到室内，只能在室外进行检测；有的幕墙玻璃后面不是室内，而是实体墙，即使不能在玻璃的两面都可以进行检测操作；都只能采用反射式扫描检测方法。

　　单块幕墙玻璃的投射扫描检测基本过程是将透射式光弹仪在平面偏振光源和检偏器分别置于玻璃的前后面，位置一一对应。可采用里外同时人工移动，也可以里外采用同步移动的机器人控制。打开电源偏振光通过玻璃后到达检偏器，检偏器所应看到的光斑由工业相机记录并传输到计算机软件系统，如果没有出现由计算机自动识别而报警的现象，则移动检偏器到旁边相邻位置。这种逐步扫描直到出现计算机报警蜂鸣声，配合直观视图分析，对光斑点采用显微镜或放大镜进行局部检测，扫描方向可以水平移动，也可以垂直移动。

反射式扫描检测通常要求被检测的玻璃的背面是黑的或者暗的，如晚上没有灯，无论在室内还是室外都可以实现反射式的扫描。白天操作通常将背侧幕墙玻璃的背面盖上深色的遮光布或板，将反射式检测仪置于玻璃的操作面，打开电源后偏振光通过玻璃后反射到检偏器，检偏器所能看到的光斑由工业相机记录到计算机软件系统，如果没有出现由计算机自动识别而报警或肉眼观测到的缺陷，则移动检偏器到旁边相邻位置。逐步重复该过程，对光斑点在玻璃上的位置用粉笔或彩笔做出标记确定，并标号，然后采用显微镜或放大镜进行局部检测，确定缺陷的类型和大小。

（2）石材

石材面板检查的主要内容为品种、厚度、外观质量以及边缘处理情况。石材的外观质量可以采用目测和观察的方法，检查板面是否存在裂纹、边缘缺棱、缺角、锈斑等缺陷和表面的风化侵蚀现象。

花岗石光面石材的厚度应不小于25mm，毛面石材最小厚度应不小于28mm。强度不足8MPa的石材厚度应符合《建筑幕墙》GB/T 21086—2007的要求，并在板背有防止石材破碎掉落的附加构造措施。

对于非花岗石石材，尤其是砂岩和洞石等强度较低的石材，更应仔细核查材料的复试报告。石材面板应没有折断、裂纹、掉渣和软弱部分或软弱条纹。查看石材面板表面是否经过封孔防水处理（图9-9、图9-10）。

图9-9　石材面板挂件部位破损

图9-10　石材面板存在修补裂痕

当石材出现异常破裂情况时，应综合采用适当的检查和检测方法，分析石材破裂的可能原因。

（3）金属面板

金属面板主要有铝单板、铝塑板、蜂窝铝板等品种。金属面板应检查板材厚度、表面处理层的厚度以及使用后板材表面的擦划伤及污损情况。由于铝塑复合板的力学性能主要来源于两层铝板，铝板的厚度对其力学性能有着重要的影响，因此铝塑板还应检查上下两层铝合金板的厚度是否符合要求。

对于铝单板及铝塑板应检查面板的加强肋配置情况，以及加强肋与边肋的连接方式。金属板面较薄时，设置加强肋可以增加面板刚度并保持板面平整。作为面板的支承边时，加强肋是面板区格的不动支座，所以应保证中肋与边肋、中肋与中肋的可靠连接，满足传力要求。

金属面板表面易发生变色、变形与损坏现象。不同的变形损坏应结合工程进行具体分析。铝塑板应检查安装时是否进行折边处理，折边部位的面板是否有开裂现象。不折边的铝塑复合板在其周边采用铝型材镶嵌固定并采用耐候密封胶加以密封。铝塑复合板的芯材不应直接外露于大气中，受到水汽的侵袭将会出现边部脱胶现象。

铝塑板出现不规则的起鼓起包现象，则是铝塑板铝材与中间芯层发生脱离，铝塑板生产时铝板表面的油污未能清除干净，导致铝板与胶层粘结不紧密，经日晒分离变形。这是铝塑板本身存在的质量问题，可以现场取样对材料进行铝塑复合板剥离试验，检查铝板和芯层间的粘结强度（图 9-11、图 9-12）。

图 9-11　铝塑复合板边部脱胶现象

图 9-12　铝塑复合板不规则起鼓现象

2. 支承结构材料

（1）金属型材

金属型材分为铝合金型材和钢型材。铝合金型材的检查检测应包括规格、壁厚、韦氏硬度、外观质量、表面防腐处理。钢材的检查检测应包括规格、壁厚、外观质量、防腐处理。型材壁厚可采用游标卡尺或金属测厚仪检测，重点检测型材截面主要受力部位的厚度。型材壁厚检测时应注意的是最后测得值为型材基材的厚度，也就是说测得的型材实际壁厚要减去表面处理层厚度。检查金属型材与其他不同金属接触部位是否存在双金属电化腐蚀现象，重点检查螺栓连接处、与主体结构连接处和防雷节点连接处的不同金属腐蚀情况和变形损坏情况。以下两种情况，检查者应对金属型材进行取样，送实验室进行材料性能试验：一是对于出现锈蚀的钢材，经过清理后测量钢材表面的锈蚀、麻点等缺陷深度大于钢材本身壁厚允许的负偏差。二是铝合金型材无质保单及材料复检报告，材料牌号不能确定，而铝合金韦氏硬度测试又不符合标准要求。对于粉末喷涂、氟碳喷涂等表面处理的铝合金型材，硬度应在去除型材膜层后进行。送实验室检测的型材，应在幕墙的非主要受力部位截取，并依照相关的产品标准进行性能试验。

（2）玻璃肋

检查玻璃肋是否是夹层玻璃。玻璃肋是幕墙的支承结构，使用单片钢化玻璃作为玻璃肋，一旦玻璃肋发生自爆或者在冲击作用下破碎飞散，难以及时采取抢救措施，面板将失去支撑而坍落，可能产生较严重的后果。

玻璃肋在使用中不应有明显裂纹，表面不应存在损伤。检查过程中测量玻璃肋的最小截面厚度和最小截面高度，是否符合规范的最小要求；玻璃肋是否存在移位、变形和松动。采用金属件连接的玻璃肋，应检查固定玻璃部位玻璃是否有局部破损；连接件与玻璃之间是否有松动。

（3）拉索、拉杆

张拉杆索体系首先检查杆索有无锈蚀及锈蚀的程度，观察锚固的主体结构处的连接是否有松动与裂纹。然后逐根检查预应力索、杆有无明显松弛，钢绞线有无断丝等情况。对于施加预拉力的拉索或拉杆，必须进行预拉力检查和调整。

对于拉索结构的内力检测目前普遍采用的方法有压力表测定千斤顶液压法、压力传感器直接测定法、拉索频率测定法、振动法、三点弯曲法、磁通量法等方法。其中压力表测定千斤顶法和压力传感器直接测定法适宜在施工阶段进行，对于没有预置测力计的拉索结构幕墙，在使用阶段只能用后几种方法进行测定。

拉索频率测定法是利用精密拾振器，拾取拉索在环境振动激励下的振动信号，经过滤波、放大和频谱分析，再根据频谱图确定拉索的自振频率，然后根据自振频率与索力的关系确定索力。频率测定法对边界条件的要求比较高，测试结果稳定性存在欠缺。

振动法则是将被张紧的拉索，视为完全弹性体的弦，敲击后产生的振动，其振动波将沿着弦线传递，碰到另一端的障碍便反射回来。根据驻波形式的振动原理和公式，故只要测出振动波沿承载索的速度，即可计算出钢索所承受的张力。振动法精度较高。

三点弯曲法是利用力的分解原理，当系统平衡时：$T=2F \times \cos(\alpha/2)$；其中：$T$为推力；$F$为索拉力；$\alpha$为索两侧的索夹角。由于$\alpha$固定相同，因此$T$与$F$成正比，让力$T$作用在力敏传感器上，力敏传感器输出信号，经电路运算、修正、放大后显示在显示屏上的数值就是所测索的张力。三点弯曲法操作简便，但精度有待提高（图9-13、图9-14）。

图9-13　三点弯曲法检测拉索内力

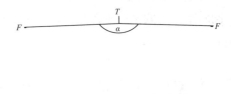

图9-14　三点弯曲法示意图

磁通量法利用钢索是导磁材料，将钢索置于一定强度的磁场环境中，钢索将被磁化，磁化后的磁导率随钢索的受力状态变化而变化。基于磁弹效应原理、钢索应力与其磁导率变化关系，可推出在某一温度条件下，钢索的拉力值。磁通量法方法比较新颖，操作也简单方便，但检测设备的标定比较困难，应用方面不够成熟（图9-15、图9-16）。

图 9-15 磁通量法检测拉索内力

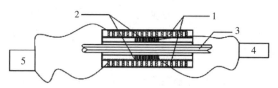

图 9-16 磁通量法检测示意图

1—主要线圈；2—次要线圈；3—钢索；4—输出电压；5—直流电源

3. 粘结材料

（1）硅酮耐候密封胶

硅酮耐候密封胶主要用在对铝合金、玻璃等材料的接缝进行粘结，对幕墙起到防止漏水、透气的作用。硅酮耐候密封胶随着使用时间加长，会产生老化现象。检查硅酮耐候胶，应选日照朝向较不利的立面，观察耐候胶老化变性及施工质量。失效的耐候胶会出现表面起皮、龟裂、硬化甚至胶缝开裂的现象。现场可以用手指或硬度计对耐候胶的硬度进行检测，正常的耐候密封胶应该硬度适中而有弹性，过硬或者过软都是出现老化的征兆。金属板幕墙因为面板的热膨胀系数远远高于密封胶的膨胀系数，在反复温差作用下，密封胶容易撕裂，所以金属板幕墙胶缝开裂比较常见。密封胶老化开裂后，使得水汽透过密封胶渗入到幕墙结构内部，结构内的金属件、结构胶会加速老化，缩短幕墙构件寿命。同时密封失效会使水渗入室内，造成内装破坏，给用户造成损失（图 9-17、图 9-18）。

图 9-17 玻璃幕墙密封胶老化开裂

图 9-18 幕墙密封胶老化起鼓

（2）硅酮结构密封胶

硅酮结构密封胶是影响幕墙安全性能的重要因素。隐框幕墙和半隐框幕墙的面板完全依靠结构胶粘结，结构胶要承受风力、地震作用、自重和温度变化等，在幕墙中起重要的结构作用。结构胶在长期的使用过程中，受到温度变化、紫外线辐照、水汽侵蚀等作用，会逐渐性能退化，粘结承载力降低，导致幕墙出现安全使用隐患。早期的结构密封胶厂家质保期均为 10 年，直到近年才有厂家推出质保期达到 25 年的结构胶。对于使用时间超过 10 年的结构胶还能否使用，规范要求 10 年后对工程不同部位的结构硅酮密封胶应进行粘结性能抽样检查，此后每三年检查一次，以确定结构胶是否适合继续使用。

另外随着建筑节能的要求，中空玻璃开始广泛使用在幕墙上。这就要求使用中空玻璃的隐框、半隐框幕墙的中空玻璃二道密封胶应该采用中空玻璃用硅酮结构密封胶。中空玻璃二道密封胶均由玻璃生产企业打注，于是由于缺乏幕墙专业知识或者幕墙企业未与玻璃生产企业做好交接，二道密封胶采用聚硫胶的工程也是屡见不鲜。由于聚硫胶耐紫外线能力较弱，在工程中仅起密封作用，并不起承力作用，因此使用聚硫胶的隐框、半隐框幕墙往往在使用一段时间后，会出现外片脱落的情况，造成严重安全隐患。因此对于应该使用结构胶的中空玻璃，首先应检查其二道密封胶是否为结构胶。结构胶与聚硫胶的判断目前并无国家标准，但鉴于两种胶不同的橡胶结构，聚硫胶的硬度较软，两种胶的燃烧特征也完全不同。如聚硫橡胶易燃烧，燃烧时为外层砖红色、内层蓝紫色的火焰，并伴有刺鼻气味，燃烧后剩余黑色残渣；而硅酮胶不宜燃烧，有自熄性能，燃烧时火焰为亮白色并伴有白烟，无刺鼻气味，燃烧后残渣也是白色。因此对胶体材料有怀疑时，可用燃烧法判断胶的种类（图 9-19）。

图 9-19　结构胶（左）和聚硫胶燃烧残渣

对既有幕墙的硅酮结构密封胶进行现场检测，首先应对幕墙玻璃面板进行拆卸，观察结构胶的外观，胶缝轮廓是否平整，从而判断是否在现场打胶。然后按以下顺序进行检查：现场打注结构胶往往缺少铝合金副框。因现场打胶的环境、温度及清洁度均难以保证，因此规范严禁现场打注结构胶。然后检查胶的外观质量，目测检查硅酮结构胶与相邻材料粘结处是否有变色、褪色和化学析出物等现象；并用游标卡尺测量结构胶胶缝的粘结宽度、厚度，与设计要求核对或进行设计复核。再用裁纸刀紧贴着玻璃或铝框的粘结部位切开，在切开剥离后的玻璃和铝框上进行结构胶的手拉剥离试验，以检验是结构胶本身的内聚性断裂破坏还是与基材的粘结面的脱离破坏，确定结构胶目前的粘结情况。对剥离后的结构胶应检查其注胶质量，包括注胶是否饱满、均匀、有无气泡，并检查其邵氏硬度是否符合产品标准要求的范围，通过检查大致判断结构胶有无老化现象（图 9-20、图 9-21）。

图 9-20　结构胶注胶存在大量气泡　　　　　图 9-21　结构胶老化开裂

对使用了 10 年以上的工程或者通过检查怀疑结构胶的性能可能发生退化的，需要验证结构胶的粘结强度。结构胶的粘结强度需在幕墙构件上取样进行试验，目前主要有现场拉伸试验法、重新粘结法。

《建筑用硅酮结构密封胶》GB 16776—2005 规定了施工时密封胶粘结性的现场测试方法，主要通过对胶材进行拉伸试验，确定胶材的粘结性。由于检测条件相似，该方法也可用于既有建筑幕墙教材检测过程中。该方法是直接在现场拆卸下试验板块，固定在特制框架上，从而直接确定结构胶的拉伸粘结强度，并结合拉伸破坏端面形式判断粘结面质量是否符合标准要求（图 9-22）。

重新粘结法：取样时同样选取易老化部位的板块，剥取结构胶。但取样的胶体在剥离后，进行修整。然后用高性能硅酮结构胶依据《建筑用硅酮结构密

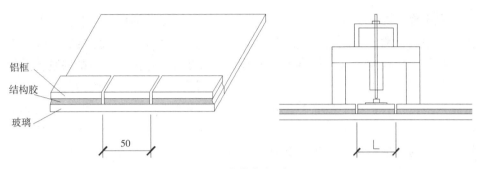

铝框
结构胶
玻璃

50

L

图 9-22 拉伸试验示意图

封胶》GB 16776—2005 的要求粘结制得 H 形试片，在规定时间、规定条件下养护后，使用万能拉力试验机测试最大强度和最大强度伸长率，来表征既有幕墙硅酮结构密封胶的性能。采用重新粘结试片的方法能表征既有硅酮结构密封胶的最大强度；再粘结试片尺寸变化对最大强度影响不大，但对最大强度伸长率影响较大。重新粘结法可近似表征既有硅酮结构胶实际应用中的最大强度，所得最大强度伸长率可作参考指标用以判断既有幕墙结构胶的可靠性及老化程度。但是由于检测需要破坏结构胶，抽样有一定难度，数量受到限制；另外重新粘结制样非常麻烦（图 9-23、图 9-24）。

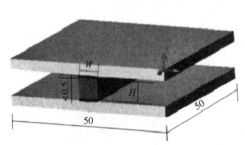

图 9-23 结构胶再粘结 H 形试件

图 9-24 结构胶再粘结试件制作

除了这些直接对结构胶进行取样检测的方法外，其他还有一些无损的结构胶的检测方法。包括了直接施加外力的气囊加压法、吸盘加压法。两种检测方法均在幕墙局部处施加荷载，检测玻璃在荷载作用下的挠度，根据理论计算玻璃的挠度与之相比，可以推断出结构胶体的应力，并判断玻璃和结构胶的粘结面是否符合要求。也有检测人员采用对幕墙施加激励测量法，通过振动测试技术来预测预报幕墙的风险和可靠性，由于幕墙没有粘牢或局部松动必然导致整体固有频率下降，由此通过幕墙上返回接收的幕墙振动频率与分析计算的幕墙固有频率进行测评和比较，可以识别幕墙支承结构是否松动或结构胶与玻璃的粘结性与老化程度。这类对结构胶无损的检测方法，开拓了幕墙结构胶检测的新思路。同时由于检测过程中对玻璃板块与幕墙没有损坏，因此检测取样的点可以很多，相对于整个幕墙不会因为测试点的偶然性出现错误判断。但是无损检测由于不是对结构胶直接进行检测，因此无法测得结构胶的具体强度数据，检测得到的结果是结构胶与玻璃的粘结性，无法评估结构胶是否老化，也存在一定的缺陷性。

各类结构胶的检查方法都存在不同的优缺点，中国建筑科学研究院在编的《建筑幕墙工程检测技术标准》中推荐使用现场拉伸实验法作为既有幕墙结构胶现场检测方法，也可以综合不同的直接取样和无损检测方法，得到更加可靠的结果。

（三）安装节点检查

对于既有幕墙，除了材料本身性能之外，幕墙的安装质量也直接影响幕墙安全。幕墙的安装节点主要是幕墙的各类连接节点，其中很大一部分是隐蔽部位，在检查的时候需要采用内窥镜进行或者直接打开检查。幕墙的主要节点由外至内，依次是面板与框架的连接节点、横向构件与竖向构件的连接节点、竖向构件与主体结构的连接节点、埋件节点。另外对一些特殊安装节点，包括：防火、防雷、转角、封口等节点也应进行检查（图 9-25、图 9-26）。

图 9-25 带屏幕工业内窥镜　　　　　图 9-26 压块间距过大

隐框、半隐框幕墙的玻璃板块是依靠压块进行连接固定的，压块传递面板的结构力到幕墙框架，检查时重点针对压块的规格、数量进行，依据规范压块间距一般不大于 300mm。压块间距过大或压块过小、过薄，强度不够；当幕墙承受负风压时，容易使压块产生变形、拔出、脱落等，导致整个板块的脱落。

检查时清除玻璃板缝间的密封胶，检查压块有无松动、变形、损坏现象和压块间距，作为结构连接的压块是否采用自攻螺钉连接。

明框玻璃幕墙采用压线，检查时应注意玻璃与槽口的配合尺寸，玻璃的嵌入量应符合规范要求。明框玻璃幕墙的压线应采用连续压线，采用不连续的短压线虽然可以降低成本，但会出现玻璃不平、等压腔无法形成等问题。

对于石材幕墙，要拆除局部石材面板，观察石材的钢销、挂件、背栓等连接件有无松动、变形和损坏现象，测量连接件及紧固件的规格。检查石材开槽的长度、深度与槽边距端头的位置，开槽后的石材是否有损坏及崩裂现象等。

对于支承结构的连接节点，主要检查横梁、立柱之间的连接件、紧固件的规格、数量是否符合设计要求。梁、柱的连接部位应无松动，镀锌的紧固件是否有锈蚀现象。连接处的紧固件不应采用自攻螺钉，同一连接处的紧固件不得少于两个。梁、柱连接部位应设置弹性密封垫或以密封胶密封。立柱之间的连接应检查上下立柱之间的伸缩缝距离以及连接芯管的材质、规格以及插入上下立柱的深度（图 9-27 ~ 图 9-32）。

图 9-27　石材背栓松动

图 9-28　立柱安装缺少伸缩缝

图 9-29　连接紧固件缺失

图 9-30　连接螺栓锈蚀、松动

图 9-31　石材幕墙使用斜插件　　　　　　图 9-32　石材幕墙使用背栓

　　检查石材幕墙的板块挂件具体使用的是哪一种产品，挂件的材质、尺寸是否和原设计图纸中描述的内容一致，金属挂件的锈蚀情况。由于使用斜插件和T 形挂件的石材幕墙往往需要按从下向上的顺序进行安装，导致石材在安装后更换或者拆卸非常困难，除非拆掉的是最上面的一块板材，否则需要从上向下一块一块拆卸，直到需要更换的那块石材为止。考虑到石材幕墙检查的难度大，往往进行石材幕墙检查的时候需要破坏对应的石材板块。

　　采用斜插件或 T 形挂件的石材幕墙往往还需要对下部板块进行检查。由于石材板块自下向上安装，石材下部短槽全部开通填塞结构。因此下部板块承受了上部板块的自重，日积月累会造成结构胶开裂的情况发生，造成安全隐患。

　　点支承连接的驳接头或玻璃肋金属连接件应检查固定玻璃部位玻璃是否有局部破损，驳接头、连接件与玻璃之间是否有松动，转动变形适应能力，衬垫与衬套是否有老化、损坏等现象。

　　幕墙与主体结构和埋件的连接，检查的内容主要在于埋件的位置、方式以及埋件表面的防腐处理是否破坏；埋件与幕墙连接的角码往往通过焊接连接，检查时重点检查焊缝是否符合规范要求，是否存在点焊、虚焊等不规范的现象；工程中埋件与连接件可能存在位置偏差，在施工过程中采用钢板或型钢进行连接位置调整时，其构造节点是否规范；焊接部位的埋件与连接件是否存在涂覆防腐涂料而发生的锈蚀现象；对于后置埋件，通过目测和手试观察锚栓是否发生松动和锈蚀。在有条件的情况下，可以采用锚栓拉拔仪，对锚栓的承载力进行检测。检查时还要注意观察主体结构锚固处混凝土是否出现裂缝，如有裂缝应判断主体结构的混凝土锚固承受力与强度是否符合幕墙的连接要求，是否应对主体结构进行加固处理（图 9-33、图 9-34）。

图 9-33　埋件与角码的连接不规范

图 9-34　与主体结构连接出现裂缝

（四）防火节点检查

幕墙的防火构造检查，根据相关的规范要求，在现场进行检查。因防火节点多为隐蔽工程，既有建筑往往在内装修时将防火节点进行封闭。检查人员应与业主进行沟通，将内装打开进行检查。防火构造检查时应核对设计图纸与资料，检查时核对防火材料的品种、材质，检查搁置防火材料的镀锌钢板的厚度和防火材料的铺设厚度。规范要求承托防火材料的镀锌钢板厚度不小于1.5mm，防火材料本身厚度不应小于100mm。检查防火材料在镀锌钢托板内应填充密实，镀锌钢板与幕墙和主体结构之间的缝隙是否用防火密封胶严密封闭。很多工程防火材料的厚度难以保证，尤其填塞不够密实，托板缝隙未打防火胶，是检查的重点。工程中有时会出现同一块玻璃跨越两个防火分区，也是防火节点要检查的安全隐患。对于无窗槛墙的玻璃幕墙，应检查是否设置高度不低于800mm的防火裙墙。另外对于使用时间较长的防火棉，应检查是否受潮，降低防火性能。防火棉受潮主要是清洁房间时，用水冲洗，水流入防火隔断后造成防火棉失效。

（五）防雷节点检查

建筑幕墙的所有金属框架应该互相连通，形成导电通路。检查幕墙的金属框架连接，可以采用兆欧表或接地电阻仪在幕墙框架上进行测量检测，检测幕墙框架与主体结构之间的电阻，一般接地电阻值应小于1Ω。应注意的是检测应在幕墙表面干燥、无水分或其他可能影响测试结果的情况下进行。当检测发现框架与主体结构不连通时，应及时进行修理。检查不同金属压接要做防电化腐蚀处理：钢与铝连接时，钢要镀锡；或在钢、铝之间加不锈钢垫片，观察金属接闪器等有无锈蚀及搭接不足的现象（图9-35～图9-37）。

图 9-35　检查防火材料厚度和使用状况

图 9-36　防火材料填塞存在较大缝隙

图 9-37　检查防雷接地电阻

（六）开启部位检查

开启部位因为使用频繁，容易损坏，同时也是幕墙的风雨穿透和热量损失的薄弱部位，所以应该着重检查。对于开启部位，首先应该检查开启窗角度和开启距离是否过大。规范要求开启角度不超过 30°，距离不超过 300mm。过大距离不但开启窗本身不安全，挂钩式开窗不限制开启距离还容易脱落，另外对于室内操作人员也是不安全因素。

五金件经过多年使用，容易缺失或损坏，使得窗不能锁闭。不但容易漏水，在大风天会出现窗扇猛然开启或关闭，与窗框撞击，易造成窗扇脱落或玻璃破碎等情况。检查密封胶条老化情况，是否存在收缩、脱落、断裂或硬化等影响使用功能的现象，必要时采用现场气密、水密性能检测开启部位的性能。

同时检查过程中应注意开启扇是否存在松动脱落的现象，开启扇与固定框之间的连接紧固件是否符合规范规定，有无松动或锈蚀现象（图 9-38 ~ 图 9-41）。

图 9-38 开窗开启角度过大

图 9-39 开窗紧固件脱落

图 9-40 开窗执手断裂破坏

图 9-41 开窗密封胶条老化收缩

（七）使用过程存在问题的检查

对幕墙进行检查时，除了幕墙自身存在的问题外，还需查看在使用维护过程中，幕墙是否存在使用不当的情况。

常见的有业主未征得原幕墙设计单位的复核认可情况下，对幕墙进行了随意改变或增加了附加构造，改变了建筑幕墙原结构的完整性。这些附加构造包括大型霓虹灯、大厦 LOGO 和广告招牌等在幕墙结构上的连接，检查时要注意这些连接的受力以及使用情况，一些大型招牌自重很大，幕墙设计时设计师根本未考虑这部分荷载，因此对于这些后置的构造检查人员应对其进行复核。同时也要核查这些后置构造安装时，包括电焊在内的施工是否对幕墙材料造成损伤，如焊接火花对玻璃表面的伤害，可能增加玻璃爆裂可能。对灯带或霓虹灯部位的结构胶、耐候胶要着重检查经过长期使用是否有加速老化的现象，降低使用寿命。

不少铝板幕墙，在室外侧悬挂大型横幅或广告布时，物业人员为了方便，往往会在铝板或胶缝间采用铁钉直接钉的办法进行固定。这种做法会造成铝板幕墙表面渗漏，影响幕墙使用功能及耐久性（图 9-42、图 9-43）。

图 9-42　铝板幕墙铁钉　　　　图 9-43　室内石材装修与幕墙玻璃无缝接触

　　室内装修时，不少业主为了美观，将室内装修材料，主要是窗帘盒和窗台板等，紧紧贴住幕墙材料，未留应有的伸缩缝，有些甚至与玻璃直接进行了硬接触，容易造成玻璃破裂。

　　其他还有业主私自改造的一些例子，包括后置的外遮阳卷帘与玻璃幕墙的连接安装；采用幕墙立柱作简易栏杆的做法，省去了栏杆的立柱成本，但是不被规范认可。早期采用普通平板玻璃的幕墙面板，业主存在私自穿越玻璃面板设置金属管线、空调管线及电线管等现象，穿越玻璃的管线以空调管居多，玻璃开洞后应力集中，时间久了容易开裂，而且穿越玻璃幕墙的金属管线也可能引起雷击，应尽量避免。对于钢化玻璃，也有对固定玻璃私自改造后变成小窗户，再通管线的例子。业主私自改造会对幕墙产生严重的安全隐患，曾在国内被大量报道的杭州某高层建筑幕墙玻璃脱落，导致过路女孩截肢的事，就是因为租户私自改装，将原固定窗改造成两扇隐框开启窗后，中空玻璃的合片胶未采用结构胶而导致的。

　　由此可见，对于幕墙在使用过程中存在的问题也应仔细检查。

（八）检查结论及建议

　　对于既有幕墙的检查，最后应根据现场检查的情况，给出幕墙存在的质量安全问题，给出检查结论和幕墙的整改建议。

八、案例

（一）石材幕墙案例

1. 石材面板质量检查

（1）该工程石材幕墙面板采用花岗石。实测花岗石厚度为 22 ~ 25mm 之间

（图9-44）。不符合《金属与石材幕墙工程技术规范》JGJ 133—2001中第5.5.1条关于：用于石材幕墙的石板，厚度不应小于25mm的要求。

图9-44 石材厚度为23mm

（2）检查发现已有多块花岗石面板出现破损，部分石材面板挂件部位存在崩裂、破损等缺陷（图9-45、图9-46）。开裂的面板应及时更换，防止发生掉落事故。

图9-45 石材面板破裂

图9-46 石材开槽部位出现崩裂

（3）经现场测量，现场存在较多幕墙石材面板，板块间间距仅1~4mm，个别石材板块直接接触，可能导致板块间相互挤压，受力不均匀，从而造成面板破裂、错位、脱落（图9-47、图9-48）。面板间隙过小，限制了面板变形空间。石材板块之间应保持一定间距，主要是为了保证石材在热胀冷缩及其他荷载所产生的变形下，有足够的变形和位移空间，以避免石材开裂、脱落。

2. 石材安装质量检查

现场检查发现幕墙石材面板存在多种连接方式：幕墙大面石材主要采用短槽式蝴蝶扣挂钩连接，女儿墙最高处的面板均为平插件连接，女儿墙盖板用云石胶粘结在龙骨和主体结构上，窗台侧板短槽式蝴蝶扣连接；檐口转角采用平

图9-47　石材面板间距过小（1）　　　　图9-48　石材面板间距过小（2）

插挂件连接，部分小板块石材无机械连接，直接通过云石胶粘结；倒挂板采用短槽式蝴蝶扣连接。

（1）单元入户上方线条做法

对单元入口（图9-49、图9-50）石材现场检查，发现面板2、4、6均为平插件连接（图9-51），面板1在相邻水平石材间用蝴蝶扣连接（图9-52），与主体结构交接处直接搁置在竖向石材板块上（图9-53），无任何机械连接；面板3、5、7用云石胶粘结在主体结构或钢龙骨上（图9-54、图9-55），无任何机械连接。通过斜插挂件方式连接石材，因施工存在缺陷，其主要受力靠云石胶来实现。云石胶属于不饱和聚酯，仅能对石材进行快速定位、修补粘结等，只适用于同种材质间粘结，存在强度低、不耐高温、易风化、抗剪力差、易开裂等缺点，不能作为受力连接胶。在云石胶老化失效后，已起不到固定面板的作用，在地震作用和风荷载的作用下造成板块脱落，引发安全事故。

图9-49　单元入口石材幕墙

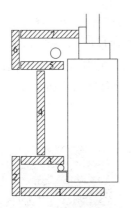

图 9-50 单元入口石材线条板块示意图

图 9-51 面板 2、4、6 为平插件连接

图 9-52 面板 1 石材采用蝴蝶扣连接

图 9-53 面板 1 与主体结构相交位置无机械连接

图 9-54 面板 3 直接用云石胶粘结石材上

图 9-55 面板 7 用云石胶粘结在主体结构上

（2）窗台侧板及大面做法

现场检查发现，窗台侧板及大面石材幕墙其构造做法为：石材板块采用蝴

蝶扣挂件连接，槽口内用云石胶粘结挂件和石材（图 9-56、图 9-57）。施工图中均为 SE 挂钩和背栓结合的连接方式。工程实际情况与图纸不符。这种做法存在诸多问题：相邻两块石材面板在垂直荷载效应作用下相互干扰；上一块面板的自重传递给下一块面板，相互挤压；整幅石材幕墙形成近似刚性的连续面，吸收变形能力弱；无法单独随机拆卸和安装。

图 9-56　窗台侧板蝴蝶扣挂件连接　　　　图 9-57　大面石材蝴蝶扣挂件连接

（3）顶部线条做法（图 9-58、图 9-59）

现场检查发现面板 2、4、6、8、10 均为平插件连接（图 9-60）；面板 1 在相邻水平石材间用蝴蝶扣连接，与主体结构交接处直接搁置在竖向石材板块上，无任何机械连接；面板 3、5、7、9、11 用云石胶粘结在主体结构和钢龙骨上（图 9-61），无任何机械连接。斜插挂件方式连接石材，因施工存在缺陷，其主要受力靠云石胶来实现，在云石胶老化失效后，已起不到固定面板的作用，在地震作用和风荷载的作用下造成板块脱落，引发安全事故。

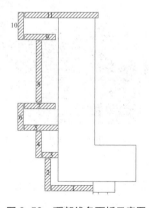

图 9-58　石材幕墙顶部　　　　　　　图 9-59　顶部线条面板示意图

图 9-60　平插件连接

图 9-61　面板 11 用云石胶粘结在主体结构上

（4）石材节点检查

1）现场检查发现石材面板的短槽口随意打置，部分短槽口中心距离石材端部距离偏小或偏大（图 9-62），实测最小不足 80mm，有些短槽口四周已出现损坏。国家标准对石材开孔或槽的长度、离边部的距离及加工后的质量有具体的技术要求，是为了避免出现局部应力集中，对石材的安装造成不利影响。

图 9-62　孔边距过大

2）檐口转角部位的倒挂板采用短槽式蝴蝶扣挂件（图 9-63）。通过现场检查，该种安装方式的倒挂板均未设置涂胶背网或其他安全措施（图 9-64），水平倒挂时石材的自重始终作用在石材面板挂件处，坠落的风险较高，因此需增设可靠的安全措施。

3）据现场检查发现，该工程采用云石胶作为石材幕墙板块与金属挂件的粘结固定材料（图 9-65、图 9-66），存在安全隐患。

图 9-63　倒挂板采用短槽式蝴蝶扣挂件

图 9-64　倒挂板未设置涂胶背网

图 9-65　金属挂件与石材间用云石胶粘结

图 9-66　金属挂件与石材间用云石胶粘结

4）现场检查发现所有水平非倒挂石材板块直接通过云石胶粘结在主体结构或龙骨上，无任何机械连接（图 9-67、图 9-68）。这些部位石材面板与结构的连接主要依靠云石胶的粘结，安装工艺不符合规范要求，存在严重安全隐患。

图 9-67　石材用胶粘结（1）

图 9-68　石材用胶粘结（2）

面板通过云石胶粘结相邻板块，其主要受力靠云石胶来实现，在云石胶老化失效后，已起不到固定面板的作用，易在地震作用和风荷载的作用下造成板块脱落，引发安全事故。

（5）耐候胶质量检查

经现场勘察及幕墙施工图纸查阅，耐候胶宽度只有 2～5mm，与施工图中6mm 不符。耐候胶能为石材板块提供一定的变形和位移空间。小于标准要求的耐候胶宽度的做法的石材幕墙，往往在几年过后经历风雨侵蚀以及建筑沉降和石材幕墙自身沉降等情况，局部石材板块直接接触，最终导致板块互相挤压、破损、坠落，造成安全隐患。

（6）石材幕墙龙骨质量检查

该石材幕墙设计施工图立柱为 8 号槽钢，横梁为 L 50×5 角钢。

1）该幕墙没有设置立柱，横梁通过膨胀螺栓直接连接到主体结构上（图9-69、图 9-70）。石材幕墙构件是由石材和金属框架等组成。在地震作用和风荷载的作用下，结构将会产生侧移。为防止主体结构水平力产生的位移使幕墙构件损坏，连接必须有一定的适应位移能力，使得幕墙立柱与横梁、主体结构之间有活动的余地。没有设置立柱，横梁与主体结构直接连接限制了幕墙的相对位移能力，并使幕墙在某些情况下额外承担由主体结构传递而来的荷载，导致幕墙发生局部甚至整体破坏，存在安全隐患。

图 9-69　横梁为 L40×4 角钢

图 9-70　横梁直接与主体结构连接

2）横梁和紧固件出现锈蚀现象（图 9-71、图 9-72），存在隐患。锈蚀将导致构件有效厚度减小，如果锈蚀继续扩大最终将导致构件难以承受荷载。

3）部分横梁与悬挑件之间焊接粗糙，焊接外观质量差，存在焊缝不足、漏

图 9-71 紧固件、挂件出现锈蚀

图 9-72 横梁出现锈蚀

焊现象（图 9-73、图 9-74）。立柱与主体结构连接节点的焊缝必须饱满，点焊、虚焊、漏焊减弱了应有的连接强度。

图 9-73 焊缝质量差

图 9-74 焊缝不足

（7）防火节点检查

幕墙层间未设置防火层。在火灾中，对生命威胁最大的是火灾中产生的有害烟雾，易造成人窒息而亡，因此在国家相关标准中规定幕墙的每层板和隔墙处，均应设置防火隔断，其目的是不让烟雾从缝隙中窜到其他楼层或房间。

（8）整改建议

根据上述检查结果，对该工程石材幕墙的整改作出以下建议：

该工程幕墙图纸深化程度不够，石材幕墙造型复杂，有较多水平倒挂板，但幕墙施工图只对标准大面节点进行了深化，未对复杂造型进行深化设计。实际施工情况与图纸有较多不符，现场没有布置幕墙竖龙骨，水平顶板均为云石胶粘结，该种做法可靠度不足，容易造成面板脱落。同时横梁及主体结构间的连接也不符合规范要求，存在严重的安全隐患，建议进行整修：

　　1）根据检查报告提出的问题，由施工单位对整个小区所有石材幕墙进行逐一排查，其中采用平插式挂件连接的竖向石材幕墙板块挂件立即进行更换，采用更加可靠的方式连接（如L形挂钩、SE挂钩、背栓等），并使其符合标准要求；所有直接用胶粘结的石材幕墙板块和缺少机械挂点连接的石材幕墙板块需改用符合规范的机械连接处理，以保证石材板块连接牢固。

　　2）已出现破裂或局部破损的石材面板应及时更换，以防止破坏扩大，发生坠落事故。

　　3）建议在住宅入户门上方以及商业裙房店铺入口上方采取防坠落安全措施，以降低石材坠落造成的损失。

　　4）建议幕墙在使用三年后进行复检，以确保幕墙的安全使用。

（二）玻璃幕墙案例

1. 连接节点

（1）后置锚板未与主体结构紧密贴实，锚栓种植深度不足（图9-75）。幕墙所受的荷载均依靠后置埋板传递到主体结构，锚栓种植深度不足有较大可能发生锚筋被拔出破坏的情况，存在安全隐患。

图9-75　锚栓种植深度不够　　　　　图9-76　无绝缘垫片

（2）角码与立柱连接部位无绝缘垫片（图9-76），不同金属材料连接时需放置绝缘垫片防止其发生双金属电化腐蚀。

（3）横梁与立柱连接采用自攻螺钉固定（图9-77）。由于自攻螺钉牙纹较稀，与铝合金接触摩擦面较少，而幕墙受到外界风雨等环境影响产生震动，自攻螺钉容易松脱,可靠性较差。横梁和立柱的连接薄弱容易造成横梁发生扭转外倾。

(4)上下立柱间未预留伸缩缝(图9-78),幕墙在平面内应有一定的活动能力,以适应主体结构的侧移。通过立柱每层设活动式连接,使立柱有上、下活动的空间,从而使幕墙在自身平面内有变形能力。

图9-77 横梁与立柱采用自攻螺钉连接 图9-78 上下未预留伸缩缝

(5)明框幕墙采用不通长的压板压住(图9-79),采用分段安装,压块实测间距部分大于400mm以上,个别玻璃仅一块压块。明框压板若不通长设置,雨水可以通过未设置压板的位置进入幕墙系统和室内,影响幕墙使用功能。压板固定螺钉距离过大,减少了与框料连接的螺钉个数,使单个螺钉受到的力增大,不利于结构稳定。

(6)横向隐框部分并无玻璃附框(图9-80),玻璃与立柱间仅采用双面胶粘结,双面胶条在幕墙构造中主要是起帮助结构胶定位的作用,其荷载承受能力与结构胶相比差距很大,不能满足幕墙结构应有的荷载承受要求。

图9-79 压板未通长 图9-80 隐框构造无附框连接

（7）横向隐框玻璃下端采用自攻螺钉支承，且无柔性垫片（图9-81），隐框或横向半隐框玻璃幕墙，每块玻璃的下端宜设置两个铝合金或不锈钢托条，托条应能承受该分格玻璃的重力荷载作用，且其长度不应小于100mm，厚度不应小于2mm，高度不应超出玻璃外表面。托条上应设置衬垫。玻璃为脆性材料，不宜与其他硬质材料直接接触，且自攻螺钉支撑截面较小，易导致玻璃受到较大集中荷载，发生破碎。

（8）幕墙构件与后期装修材料直接接触（图9-82），主体结构与幕墙构件、立柱、横梁的连接要能可靠地传递风荷载作用、地震作用，能承受幕墙构件的自重。为防止外来因素造成主体结构水平位移使幕墙构件损坏或变形，连接必须具有一定的位移适应能力，使幕墙构件与立柱、横梁之间有活动的余地，幕墙构件与后期装修材料相接触限制了幕墙的相对位移能力，并使幕墙在某些情况下额外承担由主体结构传递而来的荷载，导致幕墙发生局部甚至整体破坏，存在安全隐患。

图9-81　自攻螺钉支撑玻璃板块

图9-82　幕墙构件与后装修材料直接接触

（9）该工程玻璃幕墙采用隐框玻璃幕墙结构，实测横向压块间距300mm，符合标准要求。现场检查发现，横向构造中玻璃压板采用自攻螺钉固定（图9-83、图9-84）。当玻璃安装到幕墙构架上时，压块和螺钉将承受来自玻璃的全部荷载，所以对于压块和螺钉的规格、数量必须严格按标准及设计施工。自攻螺钉是粗牙、非等截面的紧固件，紧固效果不够，和构件之间的摩擦接触面较少，在幕墙受到外界环境影响产生震动时容易松脱。

2. 铝合金型材

（1）工程采用150系列铝合金型材，现场可见表面有擦、划伤及漆膜脱落等现象。实测 150 系列铝合金型材主要受力部位铝合金立柱（65mm×120mm）截面壁厚为 3.05 ~ 3.11mm，符合《玻璃幕墙工程技术规范》JGJ 102—2003 中对立柱铝型材最小壁厚值不小于 2.5mm 的规定。

图 9-83　横梁与立柱间缝隙明显

图 9-84　玻璃面板破裂

（2）横梁与立柱连接处间隙较大（图 9-83），为防止幕墙构件连接部位产生摩擦噪声，避免刚性接触，应设置柔性垫片或预留 1 ~ 2mm 的间隙，间隙内填胶。

3. 玻璃面板的检查

（1）通过偏振片结合现场玻璃破碎状态对幕墙玻璃进行钢化判断，并对玻璃厚度进行测量，该幕墙的玻璃面板采用 6mm 浮法镀膜玻璃。人员流动密度大的公共场所，其玻璃幕墙应采用安全玻璃。安全玻璃可以减免玻璃碎裂对人体造成伤害，增强建筑的安防性能，有一定的抵抗自然灾害的功能。

（2）幕墙玻璃面板玻璃已发生破碎（图 9-84）。发生破碎的玻璃应及时更换，以避免因玻璃破碎而出现安全事故。玻璃破碎造成雨水进入室内，对室内幕墙骨架以及连接构件腐蚀，降低结构受力体系可靠性，形成安全隐患。

（3）中空玻璃气体层存在大量结露甚至积水，说明中空玻璃内外片玻璃之间的密封胶已完全失效，严重影响玻璃面板的外观使用功能（图 9-85、图 9-86）。

（4）中空玻璃外片下滑严重（图 9-87），外片下滑说明结构胶开始失效，会导致中空玻璃漏气，未安装托板的中空玻璃，容易发生外片滑落的安全事故，存在严重安全隐患。

（5）将结构胶从玻璃上剥离开，发现结构胶与玻璃破坏发生在基材处剥离，未发生内聚力破坏。说明结构胶与玻璃不相容（图 9-88），玻璃与结构胶连接不可靠，存在严重安全隐患。

图 9-85　中空玻璃气体层结露

图 9-86　中空玻璃气体层积水

图 9-87　中空玻璃外片下滑

图 9-88　结构胶与玻璃不相容

4. 硅酮建筑密封胶（耐候胶）

耐候胶存在脱胶、起皮、腐蚀、空鼓等老化现象，且室内吊顶存在多处渗水痕迹。说明幕墙耐候胶防水功能已大部分失效。耐候胶的老化会导致胶体出现脱胶和开裂，进而引起外部的雨水渗漏。

5. 硅酮结构密封胶（结构胶）

（1）从现场拆取幕墙开启扇，检查其结构胶，发现该开启扇玻璃结构胶打注无连续性（图 9-89），结构胶尺寸、形状不规则，为工人随意打注，宽度厚度均无控制，注胶不饱满密实，存在大量气泡（图 9-90）。硅酮结构密封胶承受荷载和作用产生的应力大小，关系到幕墙玻璃的安全，对结构胶必须进行承载力验算，而且保证最小粘结宽度和厚度。该工程采用的随意不规则、断续的打胶方式，使得结构胶不能满足玻璃变形的需求，影响玻璃的连接强度，无法保证玻璃的自重及风荷载通过结构胶粘结传递至支承体系。

图 9-89　注胶无连续性

图 9-90　结构胶注胶不饱满密实、存在大量气泡

（2）对结构胶进行切开剥离试验，胶体与型材破坏为内聚力破坏，结构胶与型材破坏未在基材处剥离，但剥离过程中发现胶体较脆，一拉就断。实测结构胶邵氏硬度均大于 65 HA，不符合《建筑用硅酮结构密封胶》GB 16776—2005 中第 5.2 条"邵氏硬度应不大于 60HA、不小于 20HA"的规定，说明该胶已开始老化。结构胶出现老化意味着其力学性能下降，对玻璃和型材的粘结固定能力降低，在外界风压、自重或地震的作用下，玻璃面板容易脱落，存在安全隐患。

6. 开启扇和配件

（1）部分开启扇窗撑变形，连接件脱落，开启扇无法严密闭合，易造成雨水渗漏。变形的窗撑致使开启扇在闭合后仍存在较大缝隙，在雨天天气易在风压作用下使雨水通过缝隙渗透到室内。

（2）开启扇开启角度过大（图 9-91），影响使用安全。在较大阵风时，开启扇可能会掉落，引起安全事故。

图 9-91　开启扇角度过大

图 9-92　开启扇没有托板

（3）开启扇下端无托板（图9-92）。开启扇托板应当与窗扇可靠连接。隐框开启扇无托板，玻璃结构胶长期受剪力，结构胶使用寿命降低，存在隐患。

7. 防火节点

幕墙层间有放置防火隔断。但防火层与幕墙和主体结构间并没有用防火密封胶封堵。不符合《玻璃幕墙工程质量检验标准》JGJ/T 139—2001中第3.2.3条"防火层与幕墙和主体结构间的缝隙必须用防火密封胶严密封闭"的规定。不用防火密封胶封闭的防火层，无法真正起到阻断烟窜至其他楼层，无法起到防火层的作用，

8. 整改建议

根据上述检查结果，对该工程玻璃的整改作出以下建议：

该玻璃幕墙使用年限较久，日常维护保养欠缺，立柱与主体结构连接存在安全隐患、结构胶老化，玻璃面板的安装存在隐患，开启扇五金件缺失，室内渗水严重，建议在经济条件允许的情况下可拆除重建。

如不进行重建，也可进行以下整改：

（1）建议对幕墙立柱与主体结构连接进行加固，增设后置埋板，严格按照设计及相关规范保证焊缝长度，使幕墙与主体结构有可靠连接。

（2）对锈蚀的构件进行防锈处理，严重锈蚀应进行更换。

（3）角码与立柱间增设绝缘垫片。

（4）调整上下立柱间距，并符合标准要求。

（5）按照相关规范的要求调整幕墙构件与内部装修之间的距离，并采用柔性材料嵌缝。

（6）对幕墙玻璃的安装应严格按照标准要求进行重新制作。

（7）更换幕墙玻璃为安全玻璃，更换的玻璃必须严格按照标准规范安装。

（8）建议在重新打注耐候胶时，按照有关规范的要求严格施工，尤其注意胶厚不得小于3.5mm，胶宽大于胶厚的2倍并不得小于10mm。

（9）补足或更换不合格的五金件及配件，调整开启扇角度，使其符合标准要求。

（10）按照有关规范中的防火要求，增设防火层。

上述整改方案仅作为参考，委托方应聘请具有相应资质、施工业绩良好的幕墙公司，在严格遵守有关标准和规范的情况下，出具完整方案并施工。

此外，委托方应完善幕墙的日常维护和定期检查制度，做好档案记录和保存工作。

第十章

幕墙维修与改造

第一节　建筑幕墙节能的改造情况分析

（1）根据我国现阶段的相关节能标准、规范要求，建筑节能改造将最大限度转化为建筑幕墙工程的节能改造，只要建筑幕墙的节能改造符合相应的节能要求，建筑物的节能计算基本都能够满足要求。

（2）建筑幕墙的节能分析见表 10-1（主要以夏热冬暖和夏热冬冷地区为主要分析点）。

建筑幕墙的节能分析　　　　　　　　　　　　　　　　表 10-1

按照建筑物的类型划分	按照地区划分	按照部位划分	按照不同的材料使用划分	备注
《公共建筑节能设计标准》 GB 50189—2005	夏热冬暖地区	透明部分	玻璃幕墙	
			断桥隔热门窗	本节不作具体介绍
		非透明部分	石材幕墙	
			陶土板幕墙	
			金属幕墙等	
	夏热冬冷地区	透明部分	玻璃幕墙	
			断桥隔热门窗	本节不作具体介绍
		非透明部分	石材幕墙	
			陶土板幕墙	
			金属幕墙等	
《民用建筑热工设计规范》 GB 50176—2016	夏热冬暖地区	透明部分	玻璃幕墙	
			断桥隔热门窗	本节不作具体介绍
		非透明部分	石材幕墙	
			陶土板幕墙	
			金属幕墙等	
	夏热冬冷地区	透明部分	玻璃幕墙	
			断桥隔热门窗	本节不作具体介绍
		非透明部分	石材幕墙	
			陶土板幕墙	
			金属幕墙等	

第二节　建筑幕墙节能改造

（本小节主要以夏热冬冷地区为改造介绍重点）

一、节能改造的基本步骤

（1）通过对既有幕墙的结构特点、材料使用情况、使用材料本身的节能性能等进行模拟计算，得出相应的幕墙传热系数 K 值。

（2）同相应的国家标准、规范规定的地区进行对比，找出幕墙传热系数 K 值之间的差距。

（3）对既有幕墙进行系统、专业的分析，提出详细、可行的改造方案。

（4）根据具体的改造方案，实施节能改造，并在施工过程中做好相关数据的收集、整理、验证工作。

（5）对改造完成的具体分部（或分项）工程或单位工程，组织专家进行节能验收。

（6）对验收合格的具体分部（或分项）工程或单位工程交付使用单位使用，并做好后期维护和保养工作。

二、具体的节能改造做法

（一）对玻璃幕墙体系透明部位的节能改造

（1）根据节能分析要求，对玻璃幕墙体系透明部位所用材料进行更换。

1）将玻璃幕墙铝合金型材从旧体系的普通型材更换成断桥隔热铝型材。

2）将玻璃幕墙面板从旧体系的普通单片（或单片镀膜）玻璃更换成中空Low-E单银（或双银）玻璃。

3）将玻璃幕墙体系的密封材料从旧系统的橡皮条系统更换成密封胶灌注系统，增强幕墙系统的密封性能，减少空气的对流。具体如图 10-1、图 10-2 所示。

（2）根据节能分析要求，在玻璃幕墙体系不进行材料更换的基础上，增加适当的改造体系，以保证玻璃幕墙体系达到节能的效果。

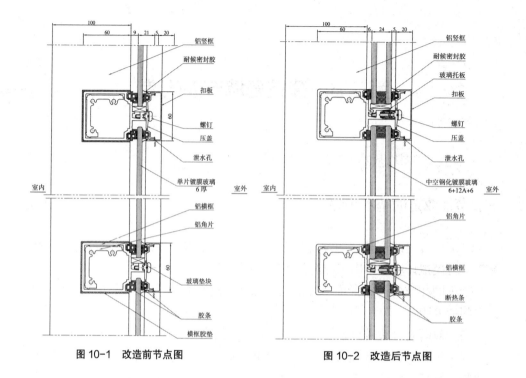

图 10-1　改造前节点图　　　　　　　图 10-2　改造后节点图

1）原玻璃幕墙已经采用普通中空玻璃，不进行玻璃面板改造，而在室内玻璃表面粘贴一种膜，以此保证玻璃幕墙透明区的节能效果。

2）原玻璃幕墙已经采用普通中空玻璃，不进行玻璃面板改造，在室内玻璃表面粘贴一种 Low-E 膜，在玻璃室外侧安装一种遮阳装置，控制室外阳光的照射角度和面积，以此保证玻璃幕墙透明区的节能效果。具体如图 10-3、图 10-4 所示。

（二）对玻璃幕墙体系非透明部位的节能改造

根据节能分析要求，对玻璃幕墙体系非透明部位所用材料进行更换。

（1）将玻璃幕墙面板从旧体系的普通单片（或单片镀膜）玻璃更换成中空 Low-E 单银（或双银）玻璃。

（2）在玻璃幕墙内部墙体上面，安装 50mm 的保温岩棉，达到玻璃幕墙非透明区域的节能效果（图 10-5）。

（3）在石材幕墙内部墙体上面，安装 50mm 的保温岩棉，达到石材幕墙非透明区域的节能效果（图 10-6）。

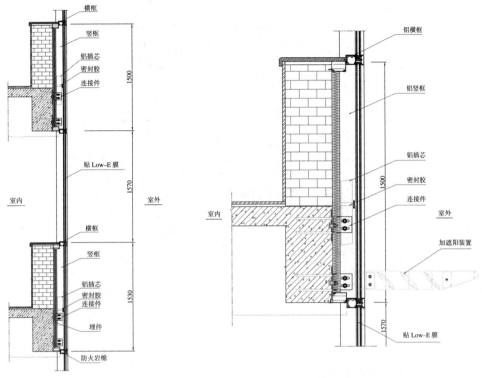

图 10-3　贴膜改造

图 10-4　加外遮阳改造

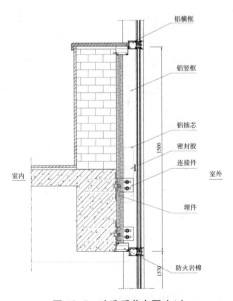

图 10-5　改造后节点图（1）

节能型建筑幕墙设计、施工与安全管理

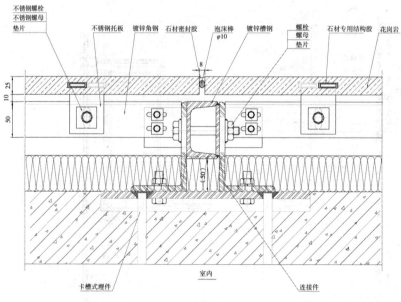

图 10-6　改造后节点图（2）

（4）在金属幕墙内部墙体上面，安装 50mm 的保温岩棉，达到金属幕墙非透明区域的节能效果（图 10-7）。

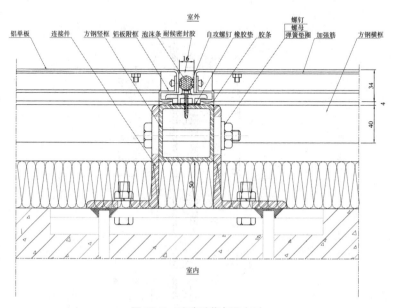

图 10-7　改造后节点图（3）

附　录

附录1 住房城乡建设部《关于进一步加强玻璃幕墙安全防护工作的通知》中有关维护保养的要求

三、严格落实既有玻璃幕墙安全维护各方责任

（一）明确既有玻璃幕墙安全维护责任人。要严格按照国家有关法律法规、标准规范的规定，明确玻璃幕墙安全维护责任，落实玻璃幕墙日常维护管理要求。玻璃幕墙安全维护实行业主负责制，建筑物为单一业主所有的，该业主为玻璃幕墙安全维护责任人；建筑物为多个业主共同所有的，各业主要共同协商确定安全维护责任人，牵头负责既有玻璃幕墙的安全维护。

（二）加强玻璃幕墙的维护检查。玻璃幕墙竣工验收1年后，施工单位应对幕墙的安全性进行全面检查。安全维护责任人要按规定对既有玻璃幕墙进行专项检查。遭受冰雹、台风、雷击、地震等自然灾害或发生火灾、爆炸等突发事件后，安全维护责任人或其委托的具有相应资质的技术单位，要及时对可能受损建筑的玻璃幕墙进行全面检查，对可能存在安全隐患的部位及时进行维修处理。

（三）及时鉴定玻璃幕墙安全性能。玻璃幕墙达到设计使用年限的，安全维护责任人应当委托具有相应资质的单位对玻璃幕墙进行安全性能鉴定，需要实施改造、加固或者拆除的，应当委托具有相应资质的单位负责实施。

（四）严格规范玻璃幕墙维修加固活动。对玻璃幕墙进行结构性维修加固，不得擅自改变玻璃幕墙的结构构件，结构验算及加固方案应符合国家有关标准规范，超出技术标准规定的，应进行安全性技术论证。玻璃幕墙进行结构性维修加固工程完成后，业主、安全维护责任单位或者承担日常维护管理的单位应当组织验收。

四、切实加强玻璃幕墙安全防护监管工作

（一）各级住房城乡建设主管部门要进一步强化对玻璃幕墙安全防护工作的

监督管理，督促各方责任主体认真履行责任和义务。安全监管部门要强化玻璃幕墙安全生产事故查处工作，严格事故责任追究，督促防范措施整改到位。

（二）新建玻璃幕墙要严把质量关，加强技术人员岗位培训，在规划、设计、施工、验收及维护管理等环节，严格执行相关标准规范，严格履行法定程序，加强监督管理。对造成质量安全事故的，要依法严肃追究相关责任单位和责任人的责任。

（三）对于使用中的既有玻璃幕墙要进行全面的安全性普查，建立既有幕墙信息库，建立健全安全监管机制，进一步加大巡查力度，依法查处违法违规行为。

住房城乡建设部
安全监管总局
2015 年 3 月 4 日

附录 2　浙江省《建筑幕墙安全技术要求》中有关维护保养的要求

6. 维护保养

6.1　建筑幕墙工程竣工验收时，应当向业主提供《幕墙使用维护说明书》，其内容应当符合《玻璃幕墙工程技术规范》JGJ—102、《金属与石材幕墙工程技术规范》JGJ—133 和《建筑幕墙》GB/T—21086 等相关工程建设标准的规定。

6.2　建筑幕墙的安全维护实行业主负责制。在建筑幕墙工程竣工验收后，建筑幕墙的业主应当按下列规定委托有相应工程设计、施工和检测资质的机构进行定期安全隐患排查：

（1）框支撑幕墙在竣工验收后一年时，应当进行一次全面的检查，此后每五年检查一次；

（2）拉杆或拉索结构幕墙在竣工验收后六个月时，应当进行一次全面的预拉力检查和调整，此后每三年检查一次；

（3）幕墙工程使用 10 年后应当对工程不同部位的结构硅硐密封胶进行粘结性能的抽样检查，此后每三年检查一次；

（4）对超过设计使用年限仍继续使用的玻璃幕墙，业主应当组织专家进行安全评估，并按照评估意见执行。

6.3 建筑幕墙的使用应当保障幕墙结构的完整性，不得随意改变或附加构造。确需改变或附加构造的，应当事先征得原幕墙设计单位的复核认可。

6.4 建筑幕墙使用中发现面板破损、松动等安全隐患时，业主应当及时采取隔离和防护措施，并尽快组织维修。

建筑幕墙工程的建设除执行本技术要求外，还应当符合《玻璃幕墙工程技术规范》JGJ—102 和《建筑幕墙》GB/T—21086 等相关的国家、行业和地方工程建设标准的规定。

附录 3　深圳市《关于加强建筑幕墙安全管理的通知》中有关维护保养的要求

十一、非建筑物产权人的建设单位，应向业主提供包括《建筑幕墙使用维护说明书》在内的完整技术资料，并在工程竣工验收后三个月内，向当地城建档案馆报送一套符合相关规定要求的建设工程档案。

十二、既有建筑幕墙的安全维护，实行业主负责制。建筑物为单一业主所有的，该业主为其建筑幕墙的安全维护责任人；建筑物为多个业主共同所有的，各业主应按各自拥有物业建筑面积的比例承担既有建筑幕墙安全维护责任，并应共同协商确定一个安全维护责任人，牵头负责既有建筑幕墙的安全维护。

安全维护责任人可将既有建筑幕墙的日常维护、检修等工作委托物业服务企业或者其他专门从事建筑幕墙维护的单位进行。

鼓励业主投保既有建筑幕墙安全使用的相关责任保险。

十三、既有建筑幕墙的安全维护责任包括：

（一）按国家有关标准和《建筑幕墙使用维护说明书》进行日常使用及常规维护、检修；

（二）按规定进行安全性鉴定和大修；

（三）制定突发事件处置预案，并对因既有建筑幕墙事故而造成的人员伤亡和财产损失依法进行赔偿；

（四）保证用于日常维护、检修、安全性鉴定与大修费用；

（五）建立相关维护、检修、安全性鉴定档案。

十四、安全维护责任人应加强建筑幕墙的日常使用维护管理，及时制止可能引发安全隐患的使用行为（建筑幕墙安全使用注意事项详见附件2），发现有部件损坏或者松动的，应及时进行维修、更换。

十五、安全维护责任人应当委托原施工单位或者其他有相应建筑幕墙施工资质的单位按照下列要求对幕墙进行定期检查：

（一）超过设计使用年限需继续使用的建筑幕墙应每年检查一次。

（二）幕墙工程竣工验收1年后，每5年进行一次检查。

（三）对施加预拉力的拉杆或者拉索的幕墙工程，竣工后每3年应检查一次。

（四）建筑幕墙交付使用满10年后应对该工程不同部位的硅酮结构密封胶进行粘结性能的抽样检查，此后每3年进行一次检查。

（五）当遭遇地震（抗震设防烈度及以上）、强台风、火灾、雷击、爆炸等自然灾害或突发事故后，应及时对建筑幕墙进行全面检查。

定期检查应当按照国家、省、市相关技术标准的要求实施。负责检查的单位应当向安全维护责任人提交检查报告，并对检查报告结论负责。

十六、幕墙工程自竣工验收交付使用后，应当每十年进行一次安全性鉴定。既有建筑幕墙出现下列情形之一时，安全维护责任人应当委托具有建筑幕墙检测资质的单位进行安全性鉴定：

（一）2005年12月31日前竣工验收交付使用的建筑幕墙；

（二）未按《建筑装饰装修工程质量验收规范》GB 50210—2001进行工程验收的建筑幕墙；

（三）原设计或制造安装过程中遗留下较严重的缺陷，需鉴定其实际承载能力的建筑幕墙；

（四）年久失修或已超过原设计使用年限需继续使用的建筑幕墙；

（五）面板、连接构件或局部墙面等出现异常变形、脱落、爆裂现象；

（六）建筑主体结构经检测、鉴定存在安全隐患；

（七）经检查出具结论需进一步鉴定的。

鉴定单位依据国家有关技术标准，进行既有建筑幕墙的安全性鉴定，提供真实、准确的鉴定结果，并依法对鉴定结果负责。

十七、经检查、安全性鉴定发现建筑幕墙存在安全隐患的，安全维护责任人应当立即采取安全防范措施并及时委托具有相应建筑幕墙施工资质的单位进行维修，避免发生安全事故。

十八、安全维护责任人应当建立建筑幕墙使用维护管理档案，包括《建筑幕墙使用维护说明书》在内的完整技术资料、维保合同及记录、检查合同及记录、安全性鉴定合同及记录、维修以及采取防护措施等内容。每年12月填报《深圳市既有建筑幕墙使用维护情况报表》（报表样式详见附件3），将当年建筑幕墙定期检查、安全性鉴定、维修以及采取防护措施等情况报辖区建设行政管理部门。

青川县未成年人校外活动中心
参加援建和业已捐资的单位、团队和个人名单

工程建设安全技术与管理丛书全体作者
海南亚洲制药股份有限公司
浙江大学建筑设计研究院
中国建筑工业出版社
温州东瓯建设集团股份有限公司
浙江省建筑装饰行业协会
浙江省建工集团有限责任公司
浙江中南集团
永康市古丽高级中学
杭州市建筑设计研究院有限公司
浙江省武林建筑装饰集团有限公司
温州中城建设集团股份有限公司
浙江工程建设监理公司
宁波弘正工程咨询有限公司
桐乡市城乡规划设计院有限公司
浙江华洲国际设计有限公司
新昌县人民政府
宁波市城市规划学会
宁波市规划设计研究院
义乌市城乡规划设计研究院
金华市城乡规划学会
温州市城市规划设计研究院
温州市建筑设计研究院
宁海县规划设计院
余姚市规划测绘设计院

宁波市鄞州区规划设计院

奉化市规划设计院

浙江诚邦园林股份有限公司

浙江诚邦园林规划设计院

浙江瑞安市城乡规划设计研究院

金华市城市规划设计院

东阳市规划建筑设计院

永康市规划测绘设计院

浙江中南卡通股份有限公司

浙江省诸暨市规划设计院

浙江省宁波市镇海规划勘测设计研究院

浙江武弘建筑设计有限公司

慈溪市规划设计院有限公司

浙江高专建筑设计研究院有限公司

乐清市城乡规划设计院

温州建苑施工图审查咨询有限公司

宁波大学建筑设计研究院有限公司

平阳县规划建筑勘测设计院

卡尔·吕先生（澳大利亚） 林岗先生

浙江同方建筑设计有限公司

袁建华先生

宁波市轨道交通集团有限公司

宁波市土木建筑学会

浙江建设职业技能培训学校

电子科技大学计算机科学与工程学院

上海瑞保健康咨询有限公司 李晓松先生

浙江华亿工程设计有限公司

徐韵泉老师 钟季鍪老师

杭州大通园林公司

浙江天尚建筑设计研究院

浙江荣阳城乡规划设计有限公司

衢州规划设计院有限公司

中国美术学院风景建筑设计研究院

森赫电梯股份有限公司

嘉善县城乡规划建筑设计院

慈溪市城乡规划研究院

温州建正节能科技有限公司

董奇老师 吴碧波老师 夏云老师

云和县永盛公路养护工程有限公司

浙江宏正建筑设计有限公司

浙江双飞无油轴承股份有限公司

浙江蓝丰控股集团有限公司

浙江城市空间建筑规划设计院有限公司

浙江玉环县城乡规划设计院有限公司

台州市黄岩规划设计院

象山县规划设计院

湖州市公路局